Markus Tiedtke

Gleisbau

Ihre Anlage auf dem richtigen Gleis

GeraMond

Inhalt

Vorwort

Ganz einfach: Ohne Schienen keine Eisenbahn. Im Laufe der Jahrzehnte hat sich ihr Aussehen zwar nicht grundlegend verändert, doch mit zunehmender Geschwindigkeit der Züge, die sich auf diesen Schienen bewegen und der Beherrschung des Materials Stahl wurden die eisernen Wege stetig im Detail verbessert, so dass man rückblickend in den unterschiedlichen Epochen auf jeweils typische Gleisarten schauen kann. Hohe Geschwindigkeiten verlangen ein stabiles Gleisbett mit kräftigen Schienenprofilen. Auf den Nebenbahnen geht es dagegen geruhsamer zu, auch ist die Achslast nicht so hoch; hier haben die Bahngesellschaften aus Kostengründen die Gleisbettungen deutlich einfacher gehalten.
Auf der Modellbahn spielt die betriebliche Sicherheit eine genauso große Rolle wie beim Vorbild, erst in zweiter Linie legen viele Anlagenbetreiber Wert auf das Aussehen. Doch moderne Modellgleise vereinen Funktion und Design. Und der Modellbahner sorgt für das authentische Umfeld.

Eins

Gleisnormen

Jeder Modellbahner kennt aus eigener Anschauung die Gestaltung des Bahnkörpers beim großen Vorbild. Hier gibt es zwar baulich bedingte Unterschiede in der Ausführungsart, doch werden diese in Vorschriften auf das Sorgfältigste geregelt.

Die meisten Modellbahner legen allerdings zunächst großen Wert auf ein vorbildgetreues Aussehen der auf der heimischen Modellbahn verkehrenden Lokomotiv- und Wagenmodelle. Oft wird dagegen der Gestaltung des Bahnkörpers nicht die gleiche Aufmerksamkeit entgegengebracht wie dem Rollmaterial. Irgendwie spürt dann allerdings der Betrachter, dass etwas nicht „stimmt", doch häufig kann er nicht genau sagen, warum sich der vom Vorbild gewohnte Anblick nicht einstellen mag.

Legt man dagegen gestalterische Hand an die angebotenen Modellschienen an, kann man durchaus das Vorbild im Kleinen widerspiegeln. Doch um eine gewisse Vereinheitlichung bei Rad und Schiene kommt man auch in der Modellbahnwelt nicht herum, denn schließlich sollen ja alle Modelle auf den perfekt gestalteten Gleisen verkehren können.

Die MOROP, der Verband der Modelleisenbahner und Eisenbahnfreunde Europas, hat es sich daher zur Aufgabe gemacht, die für die Modellnachbildung relevanten Vorbildgegebenheiten in Form von Normen den Modellbahnern zugänglich zu machen. Sie sind in den NEM, den *N*ormen *E*uropäischer *M*odellbahnen, zusammengefasst.

Hochwertige Fahrzeuge auf vorbildgerechten Schienen: Das macht Spaß

Baugrößen

Die Bezeichnungen der Baugrößen sind historischen Ursprungs. In der Frühzeit der Modelleisenbahn boten die Hersteller ihre noch nicht sonderlich maßstäblichen Modelle in verschiedenen Größen an. Um diese zu unterscheiden, wurden mehr oder weniger willkürliche Bezeichnungen festgelegt, beispielsweise I, II, III (der Größe nach). Die Modelle glichen damals nur annähernd dem Vorbild.

Als man sich später um genauere Detaillierung bemühte und auch kleinere Modelle technisch möglich waren, wurden weitere Bezeichnungen geschaffen und den einzelnen Baugrößen dann auch feste Maßstäbe zugewiesen. Die Baugröße sagt also grundsätzlich aus, wie groß, d. h. in welchem Maßstab, eine Modellbahn gebaut wird. Die Spurweite bezeichnet dagegen nichts anderes als den Innenabstand der Schienenköpfe, sowohl beim Vorbild als auch beim Modell.

In Europa und den USA hat man die ursprünglich in Großbritanien von den Pferdefuhrwerken abgeleitete Spurweite von 1435 mm (4' 8") als sogenannte Regelspur festgelegt. Alles, was darüber ist, wird als Breitspur, alles darunter als Schmalspur bezeichnet.

Innerhalb der jeweiligen Baugröße gibt es natürlich dem Vorbild entsprechend verschiedene Spurweiten, je nachdem, ob

Gängige Modellbahn-Baugrößen in Europa

Baugröße	Maßstab	Spurweite	Entspricht dem Vorbild	
II	M 1 : 22,5	64 mm	Regelspur	1435 mm
IIm	M 1 . 22,5	45 mm	Schmalspur	1000 mm
IIe	M 1 : 22,5	32 mm	Schmalspur	750 mm
IIf	M 1 : 22,5	22,5 mm	Feldbahn	500 – 600 mm
I	M 1 : 32	45 mm	Regelspur	1435 mm
Im	M 1 : 32	32 mm	Schmalspur	1000 mm
Ie	M 1 : 32	22 mm	Schmalspur	750 mm
0	M 1 : 45*	32 mm	Regelspur	1435 mm
0m	M 1 : 45*	22 mm	Schmalspur	1000 mm
0e	M 1 : 45*	16,5 mm	Schmalspur	750 mm
0f	M 1 : 45*	12 mm	Feldbahn	500 – 600 mm
H0	M 1 : 87	16,5 mm	Regelspur	1435 mm
H0m	M 1 : 87	12 mm	Schmalspur	1000 mm
H0e	M 1 : 87	9 mm	Schmalspur	750 mm
H0f	M 1 : 87	7 mm	Feldbahn	600 mm
H0f	M 1 : 87	6,5 mm	Feldbahn	ca. 500 mm
TT	M 1 : 120	12 mm	Regelspur	1435 mm
TTm	M 1 : 120	9 mm	Schmalspur	1000 mm
TTe	M 1 : 120	6,5 mm	Schmalspur	750 mm
TTf	M 1 : 120	5,5 mm	Feldbahn	500 – 600 mm
N	M 1 : 160	9 mm	Regelspur	1435 mm
Nm	M 1 : 160	6,5 mm	Schmalspur	1000 mm
Z	M 1 : 220	6,5 mm	Regelspur	1435 mm
Zm	M 1 : 220	4,5 mm	Schmalspur	1000 mm
Zf	M 1 : 220	2,75 mm	Feldbahn	500 – 600 mm

eine Bahn in Regelspur oder in Schmalspur nachgebildet werden soll. So kann beispielsweise eine Modelleisenbahn der Baugröße H0 (Maßstab 1:87) eine Spurweite von 16,5 mm (Regelspur), 12 mm (Meterspur), 9 mm (750-mm-Spur) und so weiter aufweisen.

Um zu kennzeichnen, in welcher Spurweite eine Modellbahn gebaut wird, wurden in Europa (außer Großbritannien) als

Ergänzung zur Baugrößenbezeichnung (in Großbuchstaben oder römischen Zahlen) zusätzliche Kleinbuchstaben eingeführt. Dabei bedeutet *m* eine Schmalspurbahn mit Vorbildspurweite 1000 mm, *e* eine Schmalspurbahn mit Vorbildspurweite 750 mm (oder auch 760 mm in Österreich) und *f* eine Feld- oder Schmalspurbahn mit kleinen Vorbildspurweiten zwischen 500 mm und 600 mm.

Für diese kombinierte Angabe von Maßstab und Spurweite wurde in den Normen Europäischer Modellbahnen (NEM) der Begriff „Nenngröße" eingeführt. Aus dem oben Gesagten ergibt sich, daß z. B. die Bezeichnung H0e folgendes aussagt: „H0" entspricht dem Maßstab 1:87, „e" bedeutet eine Schmalspurbahn mit Vorbildspurweite von 750 mm, in diesem Fall mit einer Modellspurweite von 9 mm.

Wird kein zusätzlicher Kleinbuchstabe an die Baugröße angehängt, bedeutet dies, dass eine Modellbahn mit Regelspurweite dargestellt wird.

Da Breitspurbahnen, wie sie auch heute noch in Rußland geläufig sind, industriell nicht angeboten werden, gibt es keine Normbezeichnung dafür.

Die industriell gefertigten Modellspurweiten sind nicht in jedem Fall genau maßstäblich, man hat aus Rationalisierungsgründen oft auf die nächstliegende, bereits vorhandene Spurweite zurückgegriffen. Dieser Umstand führt dann leicht zu Verwirrung, da z. B. die Baugröße H0e eine Spurweite von 9 mm aufweist, die Baugröße N aber auch. Bei H0e stellt diese Spurweite allerdings eine Schmalspurbahn

Die hohen Spurkränze sorgen beim rauhen Spielalltag für genügend Betriebssicherheit

dar, bei N aber eine Regelspurbahn, weil zu H0 und N eben verschiedene Maßstäbe gehören. Der Unterschied ist aber trotzdem zu erkennen, da die Gleise in jeder Baugröße die jeweils richtige Schwellengröße und -teilung passend zum jeweiligen Maßstab haben.

! Gleiche Spurweite heißt nicht automatisch gleiche Baugröße und schon gar nicht gleiche Maßstäblichkeit.

Sonderfall Baugröße 0

In Europa bestehen die Baugrößen der 0-Gruppe in zwei Maßstäben. Einerseits entspricht der Maßstab 1:43,5 genau dem doppelten Maß der am weitesten verbreiteten Baugröße H0. Vergleicht man dagegen die Modellspurweite 32 mm für Regelspur mit dem Originalmaß von 1435 mm, erhält man eine Verkleinerung von 1:45.

Auf dem nordamerikanischen Kontinent hat sich dagegen für 0 der Maßstab 1:48 durchgesetzt, weil sich damit für einen Fuß im Vorbild recht genau 1/4 Zoll im Modell ergibt. Auch die amerikanischen Modell-Schmalspurbezeichnungen beziehen sich auf die dort heimischen Vorbildspurweiten von zwei bzw. häufiger drei Fuß. Im Maßstab 1:87 lauten die Baugrößen dann H0n2 und H0n3.

Die in den in der Tabelle aufgeführten Baugrößen entsprechen den heute geläufigen Spurweiten und Nenngrößen, wie sie bei der Modellbahnen industriell angeboten werden. Nicht in allen Baugrößen werden alle Spurweiten kommerziell angeboten. Es ist natürlich möglich, jede beliebige Vorbildspurweite in jedem Maßstab nachzubilden, dann ist man aber bei manchen auf den teilweisen oder vollständigen Eigenbau angewiesen.

Die Angaben der Modellspurweiten in der Tabelle stellen allerdings Mittelwerte innerhalb einer Fertigungstoleranz von etwa 0,5 mm dar. Zum Teil muß diese Toleranz auch zur Spuraufweitung in Bogen, Weichen und ähnlichem genutzt werden.

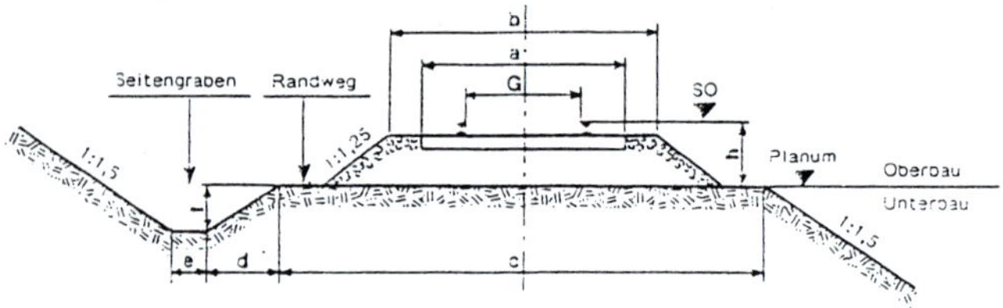

Die Modellbahn-Normung NEM 122 legt die Breite und das prinzipielle Aussehen normalspuriger Modellbahngleise und ihres Unterbaus fest

Maßtabelle für den Normalspur-Bahnkörper nach NEM 122 (alle Maße in mm)

Baugröße	G	a	b	c	d	e	f	h
Z	6,5	12	16	28	3	2	2	4
N	9	16	22	38	5	3	3	6
TT	12	22	28	50	7	4	5	8
H0	16,5	30	38	70	9	5	6	10
0	32	58	76	134	18	9	12	16
I	45	82	106	188	26	12	17	22

Der Wert a gilt nur für die Nachbildung von Holzschwellen.

Gleistrassenformen

Beim Vorbild werden die Gleise in ein Schotterbett eingelassen, um die Achsdrücke optimal auf Gleis und Unterbau verteilen zu können. Auf der Modellbahn treten dagegen vernachlässigbare Drücke auf, so dass man auf einen tragenden Unterbau durchaus verzichten könnte. Der Vorbildtreue wegen möchte man aber doch ein Schotterbett nachbilden.

Der Oberbau ruht auf einem Unterbau, der beim Vorbild eine klar definierte Form aufweist. Links und rechts des Schotterbetts befindet sich ein schmaler Randweg, der nicht bewachsen ist. Auf weichen, feuchten Untergründen verläuft das Gleisbett auf einem aufgeschütteten niedrigen Damm. Liegt die Gleistrasse an einem Hang, verläuft entlang der Bergseite parallel ein schmaler Entwässerungsgraben. Diesen typischen Querschnitt sollte man auch im Modell wiedergeben.

Der Gestaltung des Bahnkörpers von Normalspur- und Schmalspurbahnen hat man sich in den NEM-Normen 122 und

Die Gleistrasse einer Schmalspurbahn sieht ähnlich aus wie bei der Normalspur. Einzig der Unterbau ist weniger kräftig

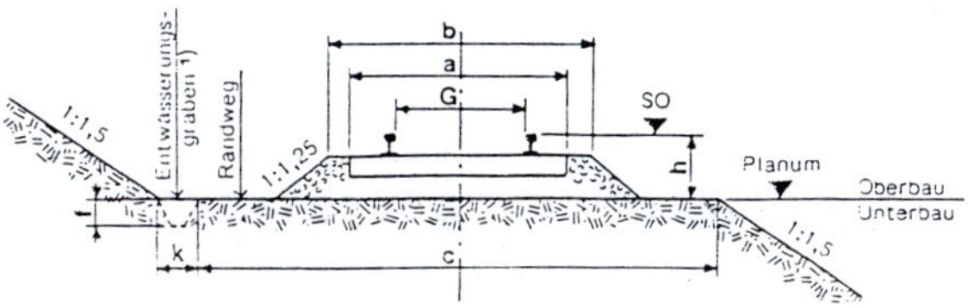

Maßtabelle für den Schmalspur-Bahnkörper nach NEM 123 (alle Maße in mm)

Baugröße	G	a	b	c	d	e	f	h
Nm	6,5	12	14	26	2	1,5	4	
H0m	12	21	25	48	4	3	6	
0m	22,5	40	49	94	7	5	11	
Im	32	56	69	132	9	6	16	
IIm	45	80	98	188	13	9	22	
TTe	6,5	12,5	16	25	3	2,5	3,5	
H0e	9	17	22	35	4	3	4,5	
0e	16,5	33	42	68	7	5	7	
Ie	22,5	47	60	96	9	6	10	

Bei alten Vorbild-Meterspurbahnen mit leichtem Oberbau beträgt die Oberbauhöhe nur 2/3 h.

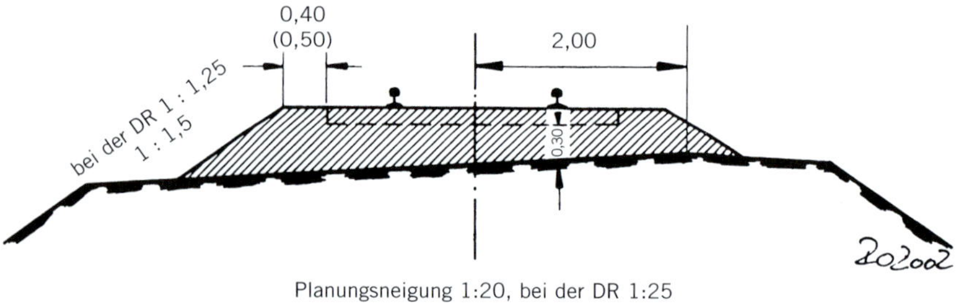

Die Dammaufschüttung bei einer eingleisigen Strecke ist so angelegt, dass Regenwasser in eine Richtung abfließen kann. Dort befindet sich in der Regel ein Entwässerungsgraben

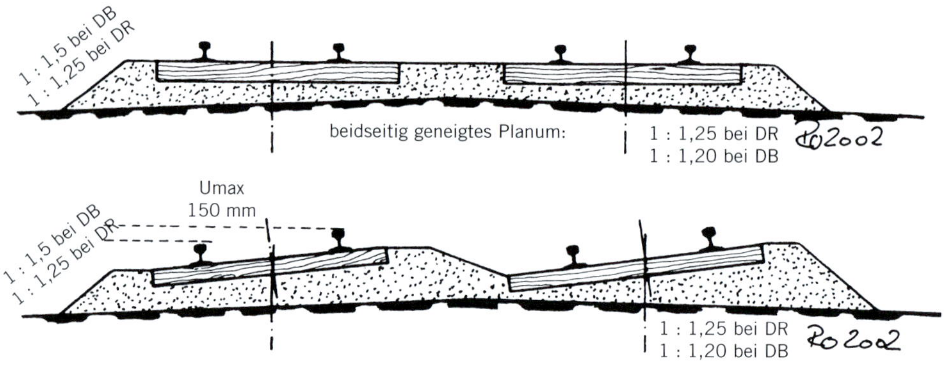

Zweigleisige Trassen haben auf der Geraden und in der Kurve abweichende Formen

123 angenommen. Sie enthalten die Richtmaße für den Querschnitt eines eingleisigen Bahnkörpers. Unter diesem Begriff werden bahntechnisch der Untersowie der Oberbau einer Strecke zusammengefasst.

Die NEM-Normen beziehen sich jeweils auf den Regelquerschnitt bei gerader Gleisführung. In Gleisbögen oder bei besonderen Geländeformen wie in Einschnitten oder bei Gebirgsbahnen kann davon auch abgewichen werden, ebenso, wenn Felsböschungen oder Stützmauern die Strecke säumen. Hier muss der Bahnkörper den individuellen Gegebenheiten angepasst werden.

Auch die Gestaltung mehrgleisiger Strecken weicht von dieser Norm ab. Hier wird meist ein durchgehendes Schotterbett verwendet, was man auch im Modell nachbilden sollte. Zwischen benachbarten Bahnhofsgleisen wird häufig ein schmaler Sand/Splittweg für die Rangierer freigehalten, der sich in Höhe der Schwellenoberkante befindet.

Im Bereich des auf den Skizzen dargestellten Randweges können Kilometersteine, Signale, Hinweisschilder und Oberleitungsmasten aufgestellt werden, doch ist bei ihnen die Freihaltung des sogenannten „lichten Raumes" bei den Eisenbahnfahrzeuge zu berücksichtigen, in den aus Sicherheitsgründen keine festen Gegenstände hineinragen dürfen.
Dagegen stehen Telegrafenmasten, die an nicht elektrifizierten Strecken auch heute noch gelegentlich anzutreffen sind, deutlich weiter nach Außen versetzt.
Unter Zuhilfenahme dieser Normen dürfte es für die meisten ein Leichtes sein, vorbildgetreue Bahnkörper auf ihrer eigenen Modellbahn nachzugestalten.

Rad-Schiene-System

Beim Vorbild hat man je nach Verwendungszweck und nach geforderter Achslast auf den Strecken verschieden belastbare Gleise verlegt. Sie unterscheiden sich

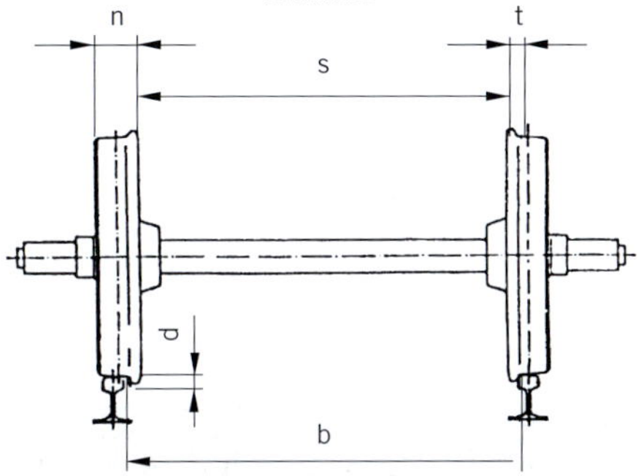

Die Radmaße sind unterschiedlich genormt

vor allem in der Profilhöhe und Querschnittsbreite. Auf Hauptbahnen liegen dicke und schwere Profile, während auf den einfachen Nebenbahnen und bei

Genormte Radmaße für HO

	1:87	NEM	RP 25	HO pur
Spurmaß b	16,21 – 16,39	min. 14,3	—	16,3 – 16,4
Radreifenbreite n	1,49 – 1,72	min. 2,8	2,03	1,55
Spurkranzdicke t	0,23 – 0,38	0,7 – 0, 9	0,76	0,37 - 0,4
Spurkranzhöhe d	0,29 – 0,44	max. 1,2	0,63	—
Abstand s (Radfläche innen)	15,59 – 15,67	min. 14,3	—	15,55 – 15,6

Angaben im mm

Eine zweigleisige Modellbahntrasse beansprucht in der Breite recht viel Platz. Beidseitig der Gleise verläuft ein schmaler Weg auf dem Damm, dann erst folgen mit Abstand die Telegrafenmasten

Schmalspurstrecken deutlich zierlichere Profile montiert worden sind. Auf der Modellbahn kann man diese Unterscheidung ebenfalls darstellen, da unterschiedliche Gleisprofile angeboten werden. In der Regel verwendet man aber nur das Gleissystem eines einzigen Herstellers – und vergibt damit die Chance der vorbildgerechten Profilunterschiede.

Die deutlich zierlicher wirkenden Modellgleise unterhalb der Profilhöhe von Code 83 verlangen bei den Rädern niedrige Spurkränze; sie entsprechen den Abmessungen der NEM Norm von RP 25. Bislang hat kein Großserienhersteller Räder und Gleise auf die Maße unterhalb von Code 83 abgestimmt. Hier ist man auf den Gleisselbstbau und den damit erforderlichen, kostenintensiven Radtausch angewiesen.

Vergleicht man in der Tabelle die geläufigen Maße eines Rades mit den exakten Maßen in 1:87, so fallen zum Teil gravierende Maßabweichungen auf. Sie sind systembedingt, denn die 1977 festgelegten Normen NEM 310 und 311 (heute immer noch Industriestandard) berücksichtigen auch den Betrieb mit Räder und Gleisprofile, die noch aus der Zeit der „Modellbahn-Kinderstube" stammen.

Einzig *H0 pur* von Willy Kosak versucht, maßstäbliche Räder unter die Fahrzeuge zu setzen, jedoch mit dem Effekt, dass man normale Industrieschienen nicht mehr verwenden kann und gezwungen ist, auf teure Kleinserienprodukte oder den kompletten Selbstbau umzusteigen.

Während man in H0 auf eine große Auswahl verschiedener Gleise zurückgreifen kann, wird das Angebot bei den kleineren Bahnen merklich dünner.

! Je näher man sich beim Rad-Schiene-system dem Vorbild nähert, desto weiter rückt man vom Modellangebot der Industrie ab. Der Einbau von kostspieligen Kleinserienrädern und ein perfekter Selbstbau von Gleisen – der Betriebssicherheit wegen – sind die unabwendbare Folge.

Vergleich Gleisprofilhöhe

Code 250	6,4 mm
Code 200	5,1 mm
Code 143	3,6 mm
Code 124	3,2 mm
Code 100	2,54 mm
Code 90	2,25 mm
Code 83	2,1 mm
Code 80	2,0 mm
Code 75	1,9 mm
Code 70	1,8 mm
Code 55	1,4 mm

„Code" ist die amerikanische Bezeichnung der Gleis-Profilhöhe bei Modellbahnen. Sie bezieht sich auf 1/1000 Zoll (1 Zoll = 25,4 mm). So entspricht zum Beispiel Code 100 = 100/1000 Zoll = 2,54 mm Schienenprofilhöhe.

Zwei Gleistypen

Modellbahngleise

Die Modell-Lokomotiven erhalten in der Regel ihren Strom aus den beiden Schienen. Betrieben werden die Motoren mit Gleichstrom. Einzig in dem mit Abstand größten Markt mit der Nenngröße H0 gibt es drei verschiedene Stromsysteme gleichzeitig: das Wechselstromsytem von *Märklin*, das inzwischen nicht mehr produzierte Dreileiter-Gleichstromsystem von *Trix* und das Zweileiter-Gleichstromsystem, dem sich alle anderen Gleishersteller verschrieben haben.

Die Modellbahnindustrie bietet für das Spiel mit der elektrischen Miniaturbahn stabile, teilweise sogar trittfeste Gleise und Weichen an. Jeder Anbieter hat dabei sein eigenes System entwickelt.

Für die schnell aufgebaute Spielbahn empfehlen sich die robusten Gleise von *Fleischmann*, *Märklin* und *Roco*, die sich bei jedem Aufbau wiederverwenden lassen, ohne dabei großen Schaden zu nehmen. Klipsartige Steckverbindungen bei Schienen mit trittfestem Schotterbett ermöglichen eine selbst für Kleinkinder geeignete einfache Handhabung der einzelnen Gleisstücke. Dadurch nimmt der Aufbau einer Spielanlage nur wenig Zeit in Anspruch. Dies und die schnelle Variierbarkeit der Gleisführung sorgt für Spielvergnügen.

Der Erbauer einer stationären oder modularen Anlage sollte sich dagegen dem Gleiswerk nebst Bettung mit der nötigen Sorgfalt widmen. Liebevoll hat er viel Geld und Zeit investiert. Es wäre schade, schon bald die Lust am Spiel mit der Miniaturbahn zu verlieren, nur weil immer an der gleichen Stelle die Lokomotiven oder Wagen entgleisen oder wegen fehlender Stromversorgung während einer Langsamfahrt stehen bleiben. Auch will sich nicht jede fein detaillierte Lokomotive durch enge Radien zwängen.

Ein gutes Gleissystem sollte daher so beschaffen sein, das es gleichermaßen für den Anfänger wie für den fortgeschrittenen Modellbahner geeignet ist. Doch ein solches Universalgleis gibt es leider nicht; mit den Vorzügen der einzelnen Industrieprodukte muss man jeweils gewisse Nachteile in Kauf nehmen.

! Das EINE Idealgleis gibt es nicht. Je nach Rad-Schienensystem und Geldbeutel muss man Kompromisse eingehen

Starre Gleissysteme

Jeder Hersteller verfolgt bei seinen Gleisen seine eigene Produktphilosophie, abgestimmt auf die firmenüblichen Modelle.

Spielbahner möchten bei beschränktem Platz auf möglichst viele Weichenverbindungen und Fahrkreise nicht verzichten. Hier müssen die Modelle sich durch enge Kurven mit Radien, die beim Vorbild bestenfalls auf wenigen, langsam befahrenen Industriegleisen anzutreffen sind, problemlos bewegen können. *Modellbahner* legen dagegen mehr Wert auf

Das *Märklin*-C-Gleissystem in der Baugröße H0 besitzt eine trittfeste Kunststoffbettung

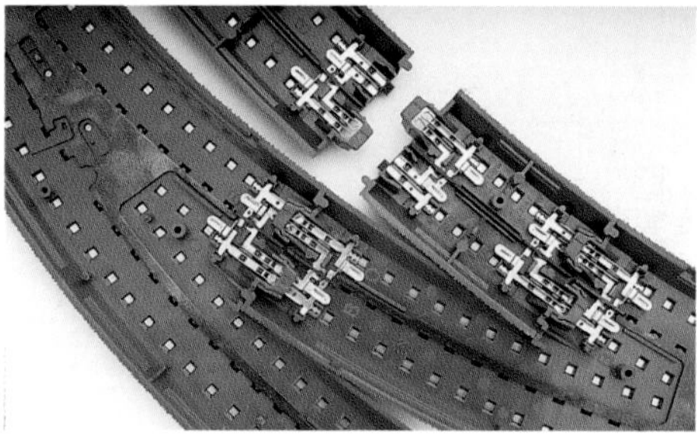

Das Zusammensetzen der Gleissegmente erfolgt über eine immer wieder lösbare Clipsverbindung

Detailtreue und statten Dampflokomotiven mit Kolbenschutzrohren aus, was bei Modellen mit einer Vorlaufachse zwangsweise zu Kurven mit mindesten 48 cm Radius führt. Sonst würde das Vorlaufrad an das Kolbenschutzrohr gedrängt werden und das Lokmodell entgleisen lassen.

Um beiden Modellbahn-Lagern gerecht zu werden, bieten die Hersteller von Modellgleisen unterschiedliche Gleisradien an, wobei der anvisierte Kundenkreis die angebotene Auswahl bestimmt. Spielbahner und Anlagen mit beengten Platzverhältnissen gibt es weitaus mehr als Modellbahner mit dem Anspruch, das Vorbild möglichst perfekt im Kleinen wiederzugeben.

Die Abzweigwinkel der Weichen bilden das größte Problem in der Gleisgeometrie. Kurze Modellweichen haben steile Abgänge, die wiederum zu einem größeren Gleisabstand bei einer parallelen Gleisführung führen. Vorbildgerechte Gleismittenabstände in der Geraden (das wären 49 bis 52 mm) kann man bei einem statischen Gleissystem, wie es bei Industrie-Modellgleisen üblich ist, daher nicht unbedingt erwarten. Die Gleisbögen sind auf die oft engen Weichenwinkel abgestimmt. Aber ein Mittenabstand, der kleiner ist als 55 mm wäre schon wünschenswert. Diesem Anspruch werden einzig die Gleise von *Rivarossi* mit einem Abstand von 52 mm gerecht.

Dafür kann man aber mit den unterschiedlich gestalteten Gleissegmenten aller Fabrikate ideal planen und anschließend sofort mit dem Zusammenbauen starten, ohne die Schienen gezielt anzufertigen. Während die Hersteller sich in der Regel mit einem Gleissystem begnügen, bieten *Fleischmann* und *Roco* in ihrem H0-Programm zwei verschiedene an: einmal mit Schotterbett und ein zweites, das ältere, mit normalem Schwellenband.

Märklin hat gleich drei verschiedene Gleissysteme in seinem Programm: das K-Gleis mit Kunststoffschwellen zum Selbsteinschottern, das konsequent weiter ausgebaute C-Gleis mit Kunststoffbettung

Die Auswahl an unterschiedlichen Gleichstromgleisen und Spurweiten ist recht groß

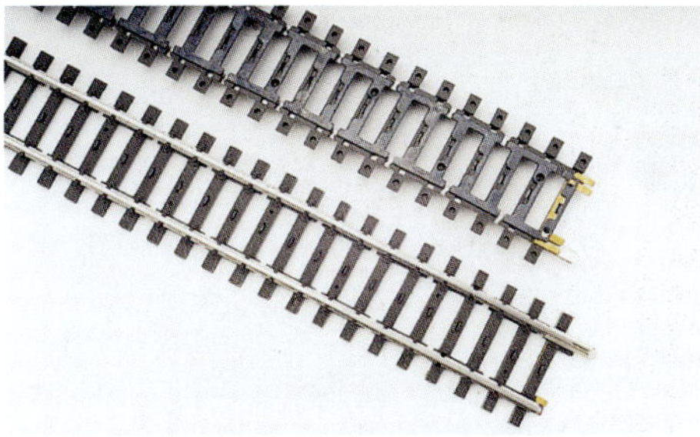

Unter den Schwellen befindet sich beim K-Gleis von *Märklin* die Mittelleiter-Stromversorgung

und das alte Blechgleis, das heute wohl nur noch aus nostalgischen Gründen Liebhaber findet.

Flexible Gleissysteme

Die aufeinander abgestimmten Radien der (starren) Seriengleise vereinfachen zwar die Gleissymetrie, aber gewisse Vorbildmerkmale in der Gleisführung (beispielsweise Übergangsbögen, sanft geschwungene Radien) lassen sich nur mit Flexgleisen verwirklichen. Auch das optische Zusammenspiel zwischen Gleisen und Weichen gelingt mit ihnen weit besser. Zudem kann man variantenreichere Gleisbilder erzielen.

Peco und *Shinohara* haben entsprechendes Material im Angebot. Beide Hersteller verzichten ganz auf konfektionierte Schienenstücke und verwenden ausschließlich Flexgleis. Bei der Gleisplangestaltung orientiert sich der Modellbahner hier hauptsächlich an den Weichen. Dazu muss er jedes Gleis individuell ausmessen und anschließend mit einem speziellen Gleisprofil-Seitenschneider oder einer Eisensäge ablängen. Das klingt zunächst fast beängstigend: bereits nach wenigen Versuchen hat man den Dreh aber raus und die Arbeit geht überraschend flott von der Hand. Das Ergebnis wird überzeugen. Ein auf diese Weise erstelltes Gleisfeld sieht einfach besser aus als eine Weichenstraße mit vorgegebenen Gleislängen und -formen.

Hersteller wie *Roco*, *Tillig*, *Märklin* und *Fleischmann* bieten neben einem starren Gleissystem mit vorgegebenen Gleislängen und -radien auch Flexgleise an, die in gleicher Weise bearbeitet werden wie die Gleise von *Peco* und *Shinohara*. Die *Tillig*-Weichen sind zudem beschränkt seitlich biegbar, was in einigen kritischen Fällen dennoch einen sauberen Übergang zwischen Weiche und Anschlussgleis bewirkt.

Obwohl man mit Flexgleisen sehr vorbildnahe Gleiskonfigurationen erschaffen kann, wird man bei einer gut durchdachten, vorbildnahen Gleisplanung mit entsprechenden Gleisabständen, Kurvenradien und vor allem bei Weichenstraßen einzelne Weichen und Gleisabschnitte dennoch selbst bauen müssen, da das Angebot von industriell gefertigten Gleisen sehr beschränkt bleibt.

> **! Oftmals lassen sich wirklich vorbildgerechte Gleisbilder nur verwirklichen, wenn man selbst baut.**

Gleisprofilhöhe

Auch heute werden H0-Gleise mit einer Profilhöhe von 2,5 mm angeboten, diese Profilhöhe bedeutet, dass das Gleis ein gegenüber dem Vorbild stark überdimensioniertes Schienenprofil aufweisen. Diese Relikte stammen aus „uralter" Zeit, in der die Radspurkränze noch übertrieben hoch waren. Sie haben heute bestenfalls noch auf Schauanlagen ihre Berechtigung, auf denen man alte „Schätze" aus der Nachkriegszeit vorführen möchte.

Aktuelle Modelle hingegen weisen duchweg deutlich niedrigere Spurkränze auf; also Finger weg von diesen Spielzeuggleisen mit vorbildwidrigen Profilen. Selbst die auf Hauptstrecken meistverwendete DB-Schiene der Bauart UIC 60 misst in der Höhe nur 172 mm. In den Maßstab 1:87 umgerechnet entspricht dies einer Profilhöhe von 1,98 mm und damit einer Modellschiene nach „Code 83".

Mittlerweile haben sich die klassischen Anbieter von Modellgleisen wie *Fleischmann*, *Rivarossi*, *Roco* und *Tillig/Pilz* mit ihren Gleisprodukten der magischen 2-mm-Marke genähert. *Peco* hat seit geraumer Zeit ein Gleissystem mit noch niedrigeren Schienen (1,9 mm) im Programm. Dass man auf diesem niedrigen Gleis fahren kann, beweisen die meisten Fahrzeuge

Vorbildangenäherte, praktikable Verwendung von Modellgleisprofilen

Anwendung	Code 125	Code 100	Code 83	Code 70	Code 55	Code 40
Profilhöhe	3,0 mm	2,5 mm	2,0 mm	1,8 mm	1,4 mm	1,0 mm
Profilbreite Fuß	2,7 mm	2,2 mm	1,8 mm	1,6 mm	1,3 mm	0,9 mm
Profilbreite Kopf	1,3 mm	1,1 mm	0,9 mm	0,8 mm	0,7 mm	0,5 mm
Hauptbahn Ep. 1–3	0	—	H0	H0	—	N, Z
Hauptbahn Ep. 4–5	—	S, H0	H0, TT	TT, N	N, Z	Z
Nebenbahn Ep. 1–3	—	S	H0, TT	H0	—	Z
Nebenbahn Ep 3–5	0	—	S	H0	—	Z
Schmalspur Ep. 1–4	0m, 0e	0e	0f	Sf Sm, Se	H0m, H0e, H0m, H0e	H0f, Nm TTm,TTe
Schmalspur Ep. 4–5	0	Sm	H0m	H0m	TTm, Nm	Nm

neuerer Produktion. Deren Spurkränze sind niedrig genug, um einwandfrei darauf zu laufen, ohne über Kleineisen und Schienenbefestigungen zu rattern.

Der überwiegende Teil des Vorbild-Gleisnetzes ist jedoch mit Schienen der Bauart S 54 ausgestattet, deren Profilhöhe der Norm „Code 70“ (in H0 sind das 1,8 mm) entspricht. Ihre Nachbildung stammt ursprünglich aus den USA und kann nur mit Fahrzeugradsätzen nach RP 25-Norm befahren werden. Hier sind absolut sauber verlegte Gleise allerdings die Grundlage für einen störungsfreien Zugbetrieb, da sonst schnell eine Lok mit niedrigem Spurkranz an einer unsauber verlegten Stelle aus den Gleisen gerät. Aus diesem Grund bieten die Großserienhersteller keine Gleise mit dieser Profilhöhe an und alle ihre Fahrzeuge weisen durchweg höhere Spurkränze auf – ein Zugeständnis an die Spielbahner.

Der Aufwand, ein Fahrzeug dieser Norm anzupassen, ist bei entsprechend großem Fuhrpark finanziell enorm. Alle Räder müssen gegen passende Kleinserienräder ausgetauscht werden, oder man stellt sich selbst an eine kleine Drehbank und reduziert gemäß der Norm die Spurkränze der ausgebauten Räder.

Auch die Weichenherzstücke sind bei der Verwendung von RP 25-Rädern enger zu halten als bei den üblichen Modellrädern. Gerade die Vorlaufräder brauchen bei einer Vorwärtsfahrt eine saubere Führung, bei Serienweichen wie von *Märklin* oder *Roco* fehlt diese; die Räder schwimmen für einen kurzen Moment, was zu Entgleisungen führen kann.

So spielen Modellbahnanlagen mit Schienenprofilen nach Code 70 immer noch eine Außenseiterrolle und sind in erster Linie dem *konsequent* am Vorbild orientierten Modellbahner vorbehalten. Der muss zudem ein guter und geduldiger Modellbauer sein, da er sein Schienennetz nur mit Selbstbaugleisen erstellen kann.

! Die Profilhöhen der Gleise von Großserienherstellern sind ein Kompromiss zugunsten des störungsfreien Modellanlagen-Zugbetriebs.

Vorbildgerechte Verwendung von Modellgleisprofilen

Anwendung	Code 125	Code 100	Code 83	Code 70	Code 55	Code 40
Hauptbahn Ep. 1–3	–	–	–	H0	–	N
Hauptbahn Ep. 4–5	–	S	H0	TT	N	Z
Nebenbahn Ep. 1–3	–	–	–	–	H0	–
Nebenbahn Ep 3–5	0	–	S	H0	–	–
Schmalspur Ep. 1–4	0m	0e	0f, Sm, Se	Sf	H0m, H0e	H0f
Schmalspur Ep. 4–5	0	–	–	–	–	Nm

Die Stellung der Weichenzunge wird für den Lokführer durch ein sich mitdrehendes Signal angezeigt

Schwachstelle Weiche

Das Weichenherzstück ist nach wie vor bei vielen Gleissytemen eine Schwachstelle. Beim Vorbild verläuft das abzweigende Gleis bis zum Herzstück in einem Bogen. Anschließend setzt sich die Schiene in einer Geraden fort. Der Abzweigwinkel beträgt häufig sieben Grad.

Die Modellbahnindustrie kann aus verständlichen Gründen keine Weichen mit einem solch schlanken Winkel anbieten, da eine einfache Weiche dieser Gattung in H0 allein schon einen Platz von 50 cm beanspruchen würde. Statt ab dem Herzstück das Gleis in eine Gerade überzuführen, wie es beim Vorbild üblich ist, setzt sich der Bogen der Weichen fort. Man gelangt so auf den erforderlichen steilen Winkel, mit dem man zwei Weichen von parallel laufenden Gleisen auf kürzester Distanz direkt miteinander verbinden kann.

Doch ist das nicht der einzige Schwachpunkt der Weichen: Beim Vorbild wird das zu stellende Gleis gebogen. Je nach Stellung liegt die Zunge an der Backenschiene an oder hält ausreichend Distanz, damit das Rad problemlos an der Zunge vorbeirollen kann. Die Modellnachbildungen zeigen aber überwiegend ein anderes und damit vorbildwidriges Prinzip: Die Weichenzungen werden weit vor dem Herzstück geteilt. Der vordere Abschnitt ist hier beweglich auf einem Drehpunkt gelagert. Einzig die Weichen von *Tillig/Pilz* und *Shinohara* arbeiten nach dem Vorbildprinzip und haben durchgehende Gleiszungen. Von *Märklin* und *Fleischmann* gibt es Weichen mit beweglichen Herzstücken, wie sie bei den Schnellfahrweichen der Deutschen Bahn AG gebräuchlich sind. Das Entgleisen in den Herzstücken ist damit so gut wie ausgeschlossen – vorausgesetzt, das Rad-Schiene-System ist optimal aufeinander abgestimmt – und genau hier liegt der Schwachpunkt der meisten Weichen. Die fast dreißig Jahre alte NEM 310 erlaubt zwischen den beiden Gleisprofilen ein Radsatzspiel von sage und schreibe 0,4–0,7 mm. Die Konstrukteure halten sich an diese noch heute verbindliche Norm und nutzen die Toleranzen voll aus, mit dem Ergebnis, dass die Weichenherzstücke ebenfalls für dieses große Spiel ausgelegt werden.

Solange die Spurkränze auf der Herzstückfläche auflaufen können und der gegenüber liegende Radlenker das Rad in Position hält, passiert im normalen Betriebsalltag nichts. Sehr kleine Vorlaufräder einiger Lokomotiven haben aber bei den breitflächigen Herzstücken keine Führung mehr, weshalb sie eventuell aus der Schiene springen können. Weisen sie zudem noch eine Spurkranzhöhe gemäß RP 25 auf, fallen sie unweigerlich in das Herzstück hinein, da sie ja niedrigere Spurkränze besitzen als ein nach der NEM 310 gefertigtes Rad. Eine Entgleisung ist dann sicher.

Weichenverhältnis zu Weichenwinkel

1: 6,6	8,65 Grad
1 : 7,5	7,6 Grad
1 : 9	6,35 Grad
1 : 12	4,75 Grad
1 : 14	4,1 Grad
1 : 18,5	3,1 Grad
1 : 26,5	2,15 Grad
1 : 32,5	1,75 Grad

Beim Vorbild wird bei Weichen die Neigung des Zweiggleises gegenüber dem Stammgleis als Verhältnis ausgedrückt. Bei der Modellbahn dagegen spricht man von Weichenwinkeln. Die Tabelle vergleicht diese beiden Werte miteinander.

Roco bietet für seine Weichenherzstücke Ätzteile an, die dieses Hineinfallen speziell beim Modellbahnbetrieb mit RP 25-Rädern verhindern. Hat man aber normale Räder, laufen die Radflächen dann nicht mehr auf der Schienenoberfläche.

Richtig wäre ein Herzstück, welches das Rad wie beim Vorbild auf dem Schienenkopf der Flügelschienen über die Lücke trägt. Herzstücke von *Peco*, *Shinohara* und *Tillig/Pilz* funktionieren nach diesem Prinzip, denn sie haben engere Zwischenräume an ihren Herzstücken.

Ein unter der Trasse montierter Weichenantrieb

Weichenantriebe

Weichen lassen sich auf unterschiedliche Weisen stellen. Die Großserienhersteller bieten für ihre Gleise seitlich oder unterhalb des Schotterbetts einclipsbare Magnetantriebe an. Das Verstellen der Weichenzungen erfolgt dabei ruckartig und ist durch ein Klacken zu hören.

Rasten die Magnetantriebskästen wie bei *Fleischmann*-Gleissystem seitlich ein, gilt es, sie für ein perfektes Gleisbild optisch zu kaschieren. Der leicht versenkte Antrieb wird mit einer Folie überdeckt und anschließend mit Schotter oder Sand dem Umfeld angeglichen.

Beim Vorbild werden jedoch die schweren Gleise langsam bewegt. Diesen Effekt kann man auch im Modell mittels unterhalb der Anlagenplatte montierter Motoren nachbilden. Verschiedene Stellmotoren

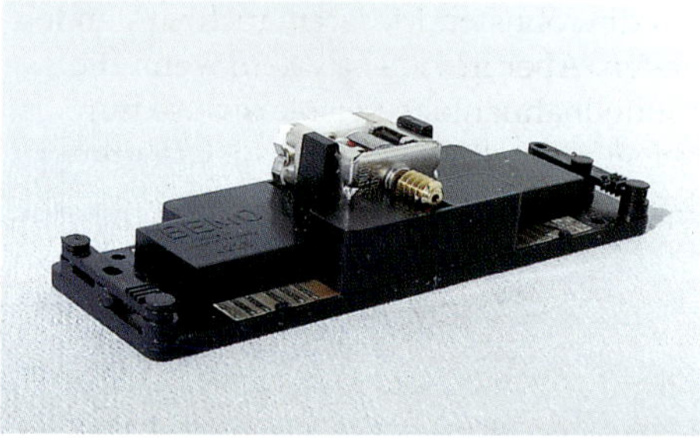

Der Motor von *NMW* (oben) ist sehr robust, leise, aber auch teuer. Der *Fulgurex*-Motor ist ebenfalls robust. Der *Bemo*-Motor (unten) hat für Signale eine ausreichende Stellkraft

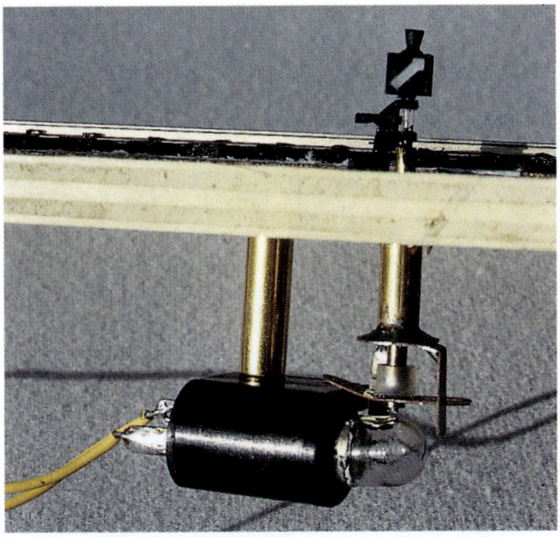

Das beleuchtbare Weichensignal kann auch von unten mit dem Weichenmotor gekoppelt werden

sind im Angebot – bei durchaus erheblichen Preisunterschieden. Sicherlich zählen die robusten Motoren auch zu den teuersten. Aber in vielen Fällen, wenn die Modellbahnanlage beispielsweise nur gelegentlich läuft, genügt auch ein preiswerter Motor wie etwa der von *Tillig*.

Beim Kauf ist allerdings auch bedenkenswert, wie laut der Motor ist. So ist der *Fulgurex*-Motor sehr robust, er ist aber wegen seines Geräuschpegels eigentlich nur für Ausstellungsanlagen zu empfehlen. Auch sollten die Motoren zusätzlich Stellmöglichkeiten für gezielte Stromversorgungen aufweisen, um stromleitende Herzstücke, wie sie bei Selbstbaugleisen üblich sind, und die eingestellte Fahrstrecke gezielt mit dem jeweils erforderlichen Strom zu versorgen.

Die angebotenen Motoren zeichnen sich zudem durch unterschiedliche Stellwinkel aus, letztendlich greifen alle mit einer senkrechten Stellstange aus dünnem Stahldraht in die Stellschwelle ein. Dieser harte Draht ist ein eventueller Schwachpunkt: Materialverschleiß an einer zu dünnen Stellschwelle (z. B. aus Pertinax) ist damit vorprogrammiert.

Gleisoptik

Neben einigen technischen Vorteilen hat die Schiene von *Tillig/Pilz* auch optisch die Nase vorne. Zwar sind auch hier die Klemmplatten breiter ausgeführt als beim Original, dafür sind aber alle Schrauben und die Radlenker zierlich nachgebildet. Und selbst die Weichenstellstange hinterlässt beim Miniaturgleis keinen überdimensionierten Eindruck.
Die *Peco*-Weichen können ihre englische Herkunft nicht verleugnen, die dargestellte Gleisverriegelung zwischen den Zungenenden ist in dieser Form in Deutschland nicht üblich.

Die meisten Gleissysteme ruhen auf in Kunststoff nachgebildeten Holzschwellen. Einzig *Tillig* hat ein Gleis mit Stahlschwellen im Angebot, wie es auf Nebenbahnen häufig anzutreffen ist. *Peco*, *Roco* und *Tillig* führen ferner Streckengleise mit Betonschwellen. Weichen, wie sie auf den ICE-Neubaustrecken der neunziger Jahre üblich sind, werden noch nicht angeboten. Und eine feste Fahrbahn, wie sie auf der Neu-

Märklin bietet für sein Z-Gleis Clipselemente, andere bieten Schablonen für die Gleisplanung an

baustrecke Köln – Frankfurt liegt, gibt es im Modell ohnehin nicht.

Mit dem Kauf der ersten Gleise hat man sich in der Regel auf das ausgesuchte Gleissystem für lange Zeit festgelegt. Eine Kombination der Produkte verschiedener Hersteller ist meist nicht machbar. Nicht nur die Schienenprofilhöhe, das vorgegebene Raster mit seinen Gleismittenabständen und die Weichenkonfiguration spielen in diesem Fall eine entscheidende Rolle, wichtig ist auch die Schwellenhöhe. Sie ist ausgerechnet bei dem sonst doch sehr vorbildnahen Gleissystem von *Shinohara* mit 1,5 mm so niedrig, dass es beim Kombinieren mit anderen Gleissystemen unterfüttert werden muss. Unterschiedliche Schienenhöhen und Profilbreiten an den Verbindungen werden schnell zur Stolperfalle für Lok und Wagen.

Beim Erwerb seiner Gleise sollte man daher neben dem technischen Anspruch (mechanisch befriedigende Gleisverbindungen und einwandfreie Funktion der Weichen nebst Antrieb) Wert auf die optische Gestaltung des Schienenprofils, der Kleineisen und Schwellen legen – sowie auf möglichst vorbildgerechte Gleisabstände achten. Und je nach Angebot kann man zusätzlich varrieren zwischen Holz-, Blech- oder Betonschwellen.

Planen mit Schablonen

Alle Modellbahnhersteller mit eigenen Gleissystemen bieten für ihre unterschiedlichen Spurweiten sogenannte Gleisplan-Zeichenschablonen an. Auf diesen Schablonen sind die von ihnen entwickelten Gleissysteme mit den verschiedenen Gleisstücken und Weichen maßstäblich verkleinert (1:10) aufgedruckt und ausgestanzt. Mit einem spitzen Bleistift oder einem feinen Tuschezeichner können diese Streckenbestandteile ganz einfach auf Papier übertragen werden. Leider sind mit diesen Schablonen größere Radien und Übergangsbögen, die sich ohne weiteres mit Hilfe der teilweise in den Gleissystemen mit angebotenen Flexgleise realisieren ließen, zeichnerisch nicht darstellbar. Dies führt schon in der Planungsphase zu einer doch eher langweiligen, starr und schematisch wirkenden Gleisgeometrie, die der zukünftigen Modellbahnanlage den oftmals gewünschten „Schwung“ versagt.

Planung auf Papier

Individuelle, vom Gleissystem unabhängige Planung bedeutet planen wie zu alten Zeiten. Dazu werden herkömmliche Zeichenutensilien wie Bleistift (Härte HB), Zirkel, Geodreieck, Kurvenlineale und vor allem ein Radiergummi benötigt. All dies ist im Schreibwarengeschäft erhältlich. Als Papier genügt Millimeterpapier oder Transparentpapier. Auf einem Bogen

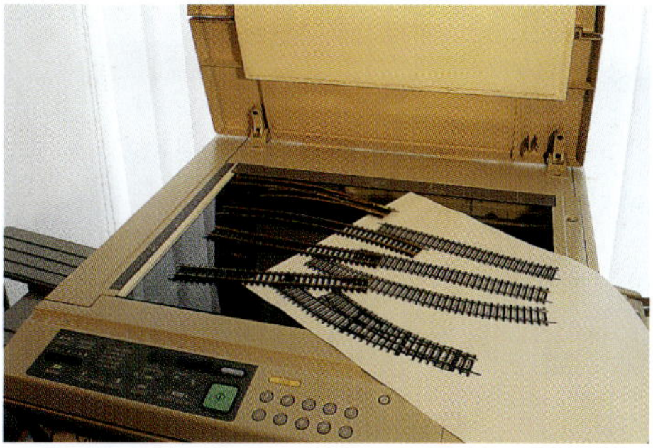

Gleise können auf einem Fotokopierer als 1:1 Vorlage für die perfekte Planung erstellt werden

weißen Zeichenpapiers wird zuerst ein Raster (H0=50 cm, TT=36 cm, N=28 cm, Z=20 cm) aufgezeichnet, das als Plangrundlage für die erste skizzenhafte Anlagenplanung in einem kleineren Maßstab 1:20, – der Rasterlinienabstand beträgt hier 2,5 cm – dient. Auf dem Transparentpapier werden nun die ersten Gleisskizzen aufgezeichnet. Der Vorteil des transparenten Papiers besteht darin, dass sich die verschiedenen Entwürfe, auch ausschnittweise, immer wieder auf den vorhergehenden Entwurf aufbauen lassen. Zudem kann man es vermeiden, eventuell noch brauchbare Skizzen ausradieren zu müssen. Trotzdem, ums Radieren kommt man nicht herum, denn Fehler sind leichter im Planungsstadium zu beseitigen, als später auf der Anlage.

Hat der Gleisplan in seiner Gesamtheit auch die Hobbykollegen überzeugt, kann dieser mit Hilfe von Tuschezeichnern (Rapidographen) oder feinen Filzstiften in eine Reinzeichnung umgesetzt werden.

Fotokopien dieser Reinzeichnung in Originalbaugröße können später zum Ausprobieren der Gleislage beim Aufbau der Anlage verwendet werden. Zusätzlich ergänzen lässt sich der Plan mit Fotokopien der Original-Modellweichen, denn der Kampf um jeden Zentimeter Nutzlänge und interessante Gleisverbindungen ist nur durch Probieren im Originalmaßstab zu gewinnen.

> **! Achtung: Viele Kopiergeräte verkleinern leicht. Unter Umständen muss man ausprobieren, welcher Kopierer die maßstäblich genauesten Kopien fertigt.**

Planen mit Planungselementen

Für das *ROCO*-LINE-System wird ein Planungsbogen – bestehend aus einem Rasterbogen mit selbsthaftenden und wiederverwendbaren Gleissymbolen – als Entwurfshilfe angeboten. Die darin enthaltenen größeren Symbole sind bedingt flexibel und lassen sich als sanft geschwungene Gleisabschnitte und große Kurvenradien mit einplanen. Als Ergänzung zu dieser Planungshilfe sind flexible Kurvenbänder dienlich, beispielsweise von Letraset, die im gut sortierten Zeichenbedarfshandel erhältlich sind.

Für die *Märklin*-Gleissysteme in den Nenngrössen H0 und Z gibt es zur Planung einer Modellbahnanlage Gleisplanspiele im Maßstab 1:5, mit denen man seinen Anlagenentwurf in der letzten Planungsphase auch mittels beiliegender Brückenpfeiler dreidimensional aufbauen kann, um so einen räumlichen Eindruck zu erhalten.

Planen mit dem Computer

Vor der Entscheidung zum Erwerb eines Planungsprogramms für den Heimcomputer steht eine generelle Frage: Was möchte der Planer mit diesem Programm erreichen? Wie genau und exakt möchte er seine Modellbahnanlage in der Theorie vorausplanen? Sollen kompliziertere Weichenstraßen oder Gleisverbindungen geplant werden, so ist ein Planungsprogramm sicherlich hilfreich. Außerdem mag es manchem Modellbahner auch Vergnügen bereiten, Anlagen am Heimcomputer zu planen. Denn die meisten Planungsprogramme verfügen auch über Bibliotheken der Modellbahnzubehör-Hersteller, insbesondere von Modellgebäuden. Mit diesen lassen sich dann die Anlagen fast bis ins kleinste Detail planen – und am Monitor betrachten. Einige der im Markt befindlichen Programme können dreidimensionale Ansichten der geplanten Anlage liefern.

Für die Gleisplanung am PC gibt es seit geraumer Zeit eine Reihe von Programmen. Es stellt sich allerdings die Frage, ob sich die Anschaffung eines Planungsprogramms überhaupt lohnt. Will man nur eine einzige Anlage planen, dann lohnt sich die Anschaffung nicht, oder hat

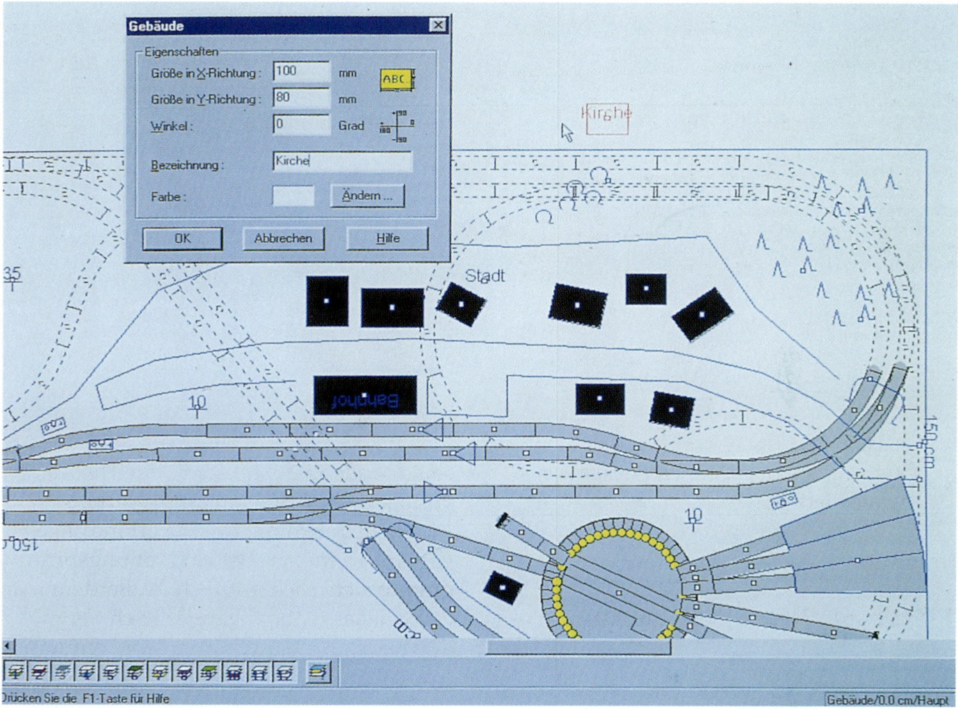

Wer gerne am Computer planen möchte, kann zwischen verschiedene Programmen auswählen

man die Aussicht, das zu erwerbende Programm häufiger einzusetzen?

Von Vorteil ist die Möglichkeit, Gleispläne im Maßstab 1:1 auszudrucken. Einerseits kann dies zum Herstellen von Schablonen dienen, andererseits beispielsweise auch für die Verlegung von Flexgleisen hilfreich sein. Im Übrigen können die Pläne in unterschiedlichen Maßstäben ausgedruckt werden. Auch der Inhalt der Ausdrucke ist variierbar. Neben dem kompletten Ausdruck kann man auch nur die Gleise, nur Gebäude oder nur die Geländeform zu Papier bringen.

Eine weitere wichtige Funktion ist die Erstellung von Statistiken. Hiermit kann der genaue Bedarf an Gleisstücken, Weichen usw. automatisch ermittelt werden. Durch Eingabe der Einkaufspreise lassen sich auch Kosten ermitteln. Sogar die theoretische Gesamtlänge der Kabel in den Verdrahtungsplänen lässt sich sekundenschnell ermitteln.

Drei

Gleisbau

Eine saubere Gleisverlegung ist für einen störungsfreien Betrieb auf der Modellbahn das A und O. Im Gegensatz zum Vorbild liegen deshalb auf Anlagen in der Regel „mustergültige“ Gleise. Bei der echten Bahn kann man sich hin und wieder nur wundern, auf welch abgefahrenen oder wellig verlegten Gleisen die schweren Lokomotiven und Waggons sich manchmal bewegen müssen.

Geräuschdämmung

Auf der Modellbahnanlage übernimmt das Schotterbett eine sehr wichtige Funktion: nämlich die der Geräuschminimierung. Werden die Gleise direkt auf der Holzplatte mit Nägelchen oder Schrauben fixiert, übertragen sich die Laufgeräusche von Rad und Schiene auf das Trassenbrett, der Lauf des Zuges wird zu einem lauten Rauschen.

Verschiedene Materialien bieten sich sowohl als Geräuschdämmung wie auch als Untergrunderhöhung für das Schotterbett, an. Die Modellgleise brauchen nicht wie beim Vorbild in einer dicken Schotterschicht gelagert zu werden.

Korkstreifen dienen als Geräuschdämmung und Schotterbetterhöhung gleichzeitig. Die halben Streifen werden mit Holzleim auf die Gleistrasse geklebt. Dabei läßt man die beiden geraden Kanten direkt aneinander stoßen. Das Gleis richtet man aus und befestigt es vorerst mit kleinen Nägelchen

Am meisten verbreitet als Gleisunterlage sind Korkstreifen, bei denen ein Rand schräg abfällt. Die Streifen werden mit normalen Haftkleber wie Pattex auf der Holztrasse befestigt. Später bedeckt man sie vollkommen mit Gleis und Schotter. Die Geräuschdämmung ist allerdings nicht optimal, da der Kork in sich eine zu homogene Masse bildet, die den Schall immer noch recht gut weiterleitet. Wesentlich effektiver ist eine Schaumstoffunterlage, wie sie als Fertigprodukte von zwei Herstellern angeboten wird.

Die *Merkur*-Schaumstoffbettung ist komplett mit winzigen Korkstückchen, die wie Schotter wirken, fertig bestreut. Die Gleise brauchen nur noch in die Schwellenvertiefungen hineingedrückt zu werden. Die Geräuschdämmung ist gut, dafür ist man allerdings auf jene Gleisgeometrien angewiesen, für die Schotterbettungen speziell produziert werden.

Man kann Gleisbettungen auch selbst erstellen. Gewöhnliche Korkplatten, wie sie für Fußböden oder als Wanddekoration verwendet werden, dienen als Ausgangsmaterial. Gemäß der Zeichnungen im Kapitel 1 werden Streifen mit seitlichen Böschungsschrägen mittels eines scharfen Bastelmessers angefertigt.

Als weitere Alternative bietet sich auch ein selbstgebasteltes Gleisbett aus Styropor oder aus dünnen Schaumplatten an, wie sie zur Wandisolierung unterhalb von Tapeten verwendet werden. Für welche Methode man sich auch immer entscheidet, wichtig ist nur, dass man die Gleise weder nagelt noch verschraubt,

Korkstreifen für das Gleisunterbett kann man auch aus Fliesenplatten gezielt zuschneiden. Moosgummi ist weicher und schluckt die Laufgeräusche besser als Kork

Fertigschotterbettungen erleichtern die Gestaltung der Gleise erheblich. Allerdings muss man bei Weichen zum Teil selbst streuen

Gleise, die mit Doppelklebeband fixiert sind, können gegebenfalls wieder gelöst werden. Werden die Gleise eingeschottert, können sie vorerst mit kleinen Nägelchen in ihrer Position gehalten werden. Nach Abschluss der Arbeiten können diese wieder herausgezogen werden

denn über diese kleinen Verbindungen würde der Schall wieder direkt auf das Trassenbrett übertragen, und die beabsichtige Geräuschdämmung wäre verhindert. Die Befestigung der Schienen mit Klebstoff oder Doppelklebeband ist deshalb immer dem Nageln vorzuziehen.

Gleisverlegung

Normale Seriengleise sind spielend schnell verlegt. Die bereits vormontierten Schienenverbinder sorgen für eine feste Verbindung. Bei Flexigleisen sieht das schon

Für die parallele Verlegung von Flexgleisen fertigt man eine Gleisabstandsschablone aus Holz. Bei lackierten Gleisen sollte man die Schienenverbinder der Stromsicherheit wegen verlöten

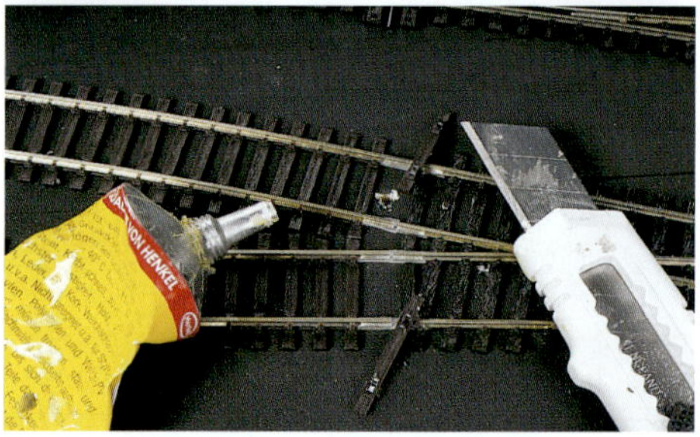

Werden Weichen durch Unterflurantriebe verstellt, können die Stellhebel gekürzt werden. Fehlende Schwellen an Gleisübergängen werden nachträglich einzeln eingeklebt

ganz anders aus. Die Gleise müssen zuerst an der einen Seite mit dem Anschlussgleis fest verbunden werden, bevor man sie gezielt ausrichtet und anschließend mit einem scharfen Spezialseitenschneider passgenau kürzt. Die mit gehärteten Schneidbacken versehene Zange ist in einem gut sortierten Werkzeug-Fachgeschäft erhältlich. Entgraten mit einer kleinen Feile folgt – wenn nötig.

Anschließend erfolgt eventuell ein erneutes Ausrichten des Gleises. Für eine exakt gerade Schienenführung dient ein langes Lineal, an das man das Schwellenband anlegt und ausrichtet. Kurven werden optisch ausgerichtet, es sei denn, man hat zuvor einen exakten Gleisverlauf in 1:1 auf das Gleisbett übertragen. Zwei parallel laufende Streckengleise erhalten durch selbst angefertigte Abstandshalter aus Holz auch in Kurven stets den gleichen Abstand. Die Befestigung des Gleises kann bei späterem Einschottern vorab mit kleinen Nägelchen erfolgen. Dabei drückt man aber die Nägel nicht ganz bis in die Schwellen, damit man sie, sofern man eine

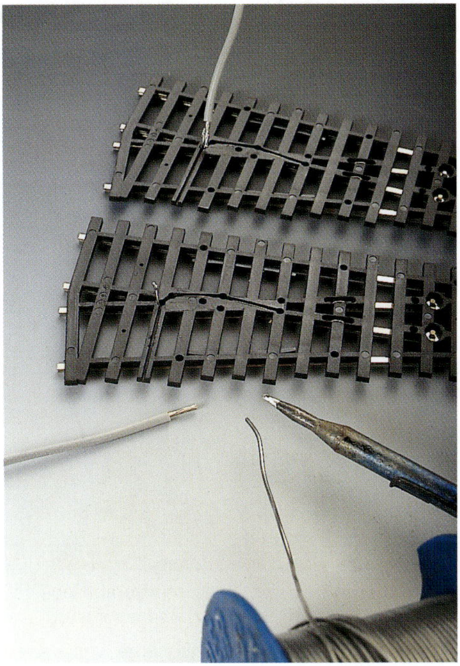

Die Kabel für die Weichenherzversorgung werden auf der Unterseite angelötet

Geräuschbrücke vermeiden möchte, später wieder herausziehen kann.

Oft sind an Flexgleisen die Schienennägelimitationen bis zum Ende nachgebildet. Damit die Schienenverbinder, die eine sichere Stromübertragung und einen knickfreien Schienenübergang gewährleisten, problemlos aufgeschoben werden können, sollten an den beiden letzten Schwellen die Halteklammern mit einem scharfen Messer nach dem Kürzen der Flexschiene und noch vor dem Einbau in der Anlage bündig abgeschnitten werden. Damit auch eine absolut sichere Stromübertragung gewährleistet ist, kann man zusätzlich die Schienenverbinder der fertig miteinander verbundenen Schienen mit dem Gleisprofil verlöten. Andererseits kann schon mal bei der anschließenden Bemalung der Gleise Farbe zwischen das Gleis und den Schienenverbinder gelangen, eine Stromunterbrechung ist dann nicht ausgeschlossen.

Wer einen Unterflurantrieb an seinen Weichen verwendet, der mittels Stelldraht direkt unterhalb der Stellschwelle mittig eingreift, kann bei vielen Weichenmodellen die seitlich weit überstehenden Stellschwellen, die dem Megnetantrieb dienen, soweit kürzen, wie es der sichere Weichenbetrieb gerade noch zuläßt.

Werden die Herzstücke einer Weiche mit Strom versorgt, was der Betriebssicherheit vor allem bei langsamfahrenden, zweiachsigen Lokomotiven zu Gute kommt, wird vor dem Einbau an das Herzstück unterhalb ein Stromkabel angelötet. Bei *Roco*-Gleisen laufen dagegen seitlich Stromverbindungen aus den Schwellen heraus, auch hier kann man die gestellte Fahrstraße bzw. Weichengleise mit Strom gezielt versorgen.

Überhöhte Gleise

Besonders reizvoll sind leicht überhöhte Gleiskurven. Beim Vorbild dient die schräge Kurvenlage bei schnell fahrenden Zügen zur sicheren Gleisführung. Auf der

Anlage ist diese Technik bei normalem Modellbahnbetrieb nicht erforderlich, doch der Optik wegen lohnt sich die leichte Schräglage allemal. Durch Unterfüttern der Außenseite des Kurvengleises erhält man auf einfachste Weise die charakteristische Schräglage eines Hauptstreckengleises. Dünne, etwa 1,5 mm starke Balsaholzstreifen werden etwa alle 1,5 cm eingeritzt, damit sie sich dem Kurvenverlauf anpassen. An den Übergängen zwischen waagerechtem Streckengleis und der überhöhten Kurve läßt man auf etwa 10 cm das Gleis frei schweben, damit es seinen Idealübergang finden kann. Der sich dabei bildende Freiraum wird ohnehin später mit Schotter aufgefüllt.

Anlagenübergänge

Gleise an den Enden von Modulanlagen und Segmenten sind gegen Stöße besonders empfindlich. Das normale Schwellenband reicht bei starken, seitlichen Stößen nicht aus, die Profile im Zaume zu halten: die Gleise reißen aus und verbiegen. Hier sollte man die Gleisprofile besonders stoßsicher befestigen. Verschiedene Möglichkeiten bieten sich an, so beispielsweise das Verlöten der Profilenden auf Schraubenköpfen oder besser noch auf streifige Pertinaxplatten. Diese müssen allerdings mit dem Untergrund eine wirklich sichere Verbindung durch Klebung oder Verschraubung aufweisen. Ähnlich wie bei den Selbstbaugleisen müssen die stromführenden Schichten zwischen den verlöteten Profilen mit einer Gummischeibe abgeschliffen werden.

Gleisenden an Anlagenübergängen sind gegen unbeabsichtigte Stöße besonders empfindlich. Die letzten Schwellen werden abgeschnitten und die Profile an gefräste Pertinaxplatten angelötet

Vereinsanlagen setzen sich oft aus Modulen zusammen. Ihre genormten Gleisübergänge und Modulanschlüsse können stets passgenau mittels einer Blechschablone auf die Stirnwände übertragen werden.
Statt auf Pertinaxschwellen lötet man die Schienenenden alternativ auf Schraubenköpfe

Selbstbaugleise

Die Geometrie von Serien-Modellgleisen ist in vielen Fällen ausreichend. Doch sobald man sich Gleise der Epoche 1 (= Länder- und Privatbahnzeit von etwas 1870 bis 1920) oder sehr fein detailierte Modellgleise für seine hochwertigen Kleinserienmodelle gönnen möchte, läßt die Nachbildungsqualität der üblichen Modellgleise zu Wünschen übrig. In diesen Fällen kann man aber durch den Bau eigener Gleise zu entsprechenden Ergebnissen kommen.

Eine große Modellbahnanlage vollständig mit Selbstbaugleisen auszustatten, lohnt sich aufgrund des enormen Bastelaufwands wohl kaum. Gleisselbstbau mit ausgefallenen Weichen- und Kreuzungsformen (Doppelweiche, Bogen-Doppelkreuzungsweiche) kommt eher für den Bau von Dioramen in Frage – oder für Anlagen, deren Besitzer es mit der Gleisprofilhöhe sehr genau nehmen. Als Ergänzung zu konfektionierten Gleissystemen sind selbst angefertigte Gleise allerdings eine überaus sinnvolle Ergänzung.

Je nach Aufwand und finanziellen Mitteln lassen sich Modellgleise mit sehr feinen Profilen und detaillierten Kleineisen aufs Vortrefflichste nachbilden, was vor allem bei den etwas größeren Maßstäben sofort ins Auge springt. Allerdings bieten nur wenige Anbieter Produkte, die den Selbstbau deutlich erleichtern. Immerhin gibt es vereinzelt Bausätze, die alle (teils vorgefertigte) Bauteile enthalten, die für eine sehr realitätsnahe Nachbildung erforderlich sind. Natürlich kann man auch die

Mittels auf Papier im Maßstab 1:1 übertragene Schienen erleichtern deutlich die Gleisplanung

Gleise komplett selbst anfertigen, einige Hersteller bieten entsprechende Materialien an. Doch für eine vorbildgerechte Nachbildung in Eigenserie sind selbst angefertigte Schablonen von Nöten. Eine

Echte Holzschwellen werden einzeln aufgeklebt

ausreichende Beschäftigung mit dem Vorbildgleis nebst Zeichnungen verschiedener Bauarten wird zusätzlich vorrausgesetzt. Komplettbausätze vereinfachen die Arbeit im Vergleich dazu doch sehr.

Für die Wiedergabe einer genagelten Schienenbefestigung findet man im Programm von *Hobby-Ecke Schuhmacher* alles Nötige. Die schlanken Weichenbausätze mit ihren kleinen Herzstückwinkeln werden schon vorgelötet und durch Drahtbrücken eingespurt geliefert. Das Gleissystem entspricht dabei den amerikanischen Modellbahnnormen NMRA. Die Räder laufen dank eines begrenzten Spurrillenabstands auf der Lauffläche und

Beim Gleisselbstbau sorgen Spurlehren für einen gleichmäßigen Schienenabstand.
Die Scheinenstühlchen werden einzeln unter die fixierten Profile geschoben. Anschließend steckt man kleine Spezialnägel in die vorgegeben Löcher und befestigt so Stühlchen und Schiene

Probelauf auf der selbst gebauten Weiche

nicht wie bei NEM auf dem Spurkranz über die Herzstücklücke. Die feinen Schienen in Code 70 und Code 55 sind wegen der niedrigen Profilhöhe ausschließlich für Räder mit niedrigen Spurkränzen geeignet. Herzstücke und Radlenker erfordern hierbei eine genaue Einhaltung der Radsatz-Innenmaße nach NMRA-Norm.

Als Unterlage für einen Weichenaufbau empfiehlt sich 5 mm starkes Pappelsperrholz, auf das die beiliegende, 1 mm dünne, Korkunterlage geklebt wird. Somit erreicht man das 6 mm hohe Niveau einer käuflichen Korkbettung.

Die dem Bausatz beiliegenden, bereits abgelängten Holzschwellen werden einzeln auf eine zuvor auf das Kork aufkaschierte 1:1 Zeichnungsfotokopie der zu fertigen Weiche geklebt. Anschließend setzt man die vorgefertigten Weichenschienen gemäß der Zeichnung auf die Schwellen. An den Profilenden versieht man die Übergänge mit Schienenschühchen, wie sie auch bei den normalen Serienfertiggleisen üblich sind. Einzig die

Sehr schlanke Weichen sind vor allem durch selbst angefertigte Gleise erreichbar

gewählte Schienenprofilhöhe bestimmt die Schuhgröße. Für Code 70 Gleise kommen N-Gleisverbinder beispielsweise von *Fleischmann* in Frage.

Streckengleise werden zusätzlich mit Spurlehren exakt ausgerichtet. Mit einer NMRA-Lehre überprüft man gegebenfalls die montierten Gleise, bevor man sie endgültig festsetzt.

Anschließend schiebt man die ersten der kleinen Schienenplatten unter das Profil und richtet sie aus. In die bereits vorgelochten Schienenplatten treibt man kleine Nägelchen, deren Köpfe einseitig gekrümmt sind, entweder mit einer kleinen Flachzange oder mit einem sogenannten „Spiker" in die Holzschwellen. Schwelle für Schwelle, Nagel für Nagel, das kostet viel Zeit und Geduld. Zur Sicherheit sollten auf jeden Fall die Gleitstühlchen im Zungenbereich der Weichen an die Schienenprofile angelötet werden.

Leider kann das erzielte Ergebnis mit nur flachen Schienenstühlchen den heutigen optischen Ansprüchen nicht mehr so recht genügen. Die vorgebogenen Nagelköpfe umgreifen den Schienenfuß und fixieren so die Schiene auf den Schwellen. Dies entspricht einer Bauart, wie sie bevorzugt in den Anfangsjahren der deutschen Eisenbahn beim Vorbild üblich war. Vorbildgerecht wäre aber die Darstellung von Verschraubungen. Diese Schienenstühlchen, aus Messing angefertigt, bietet der Kleinserienhersteller *Weinert*.

Schwachpunkt der Weichenbausätze von *Schuhmacher* sind die Stellschwellen aus gepresstem Hartpapier. Beim Einsatz eines motorischen Weichenantriebs entstehen große Stellkräfte, die durch die hohe Reibung im Weichenzungenbereich noch verstärkt werden. Dies kann manchmal zum Bruch der schmalen Stellschwelle führen. Abhilfe schafft hier die Schmierung der Gleitstühlchen mit Graphitpulver. In wesentlich detailgetreuerer H0-Ausführung liefert *Weinert-Modellbau* das bereits erwähnte maßstäbliche Kleineisen der Oberbauart „K“ in Messingfeinguss. Allerdings geht der Spaß am Detail recht schnell ins Geld. Ein solcher Gussbaum reicht nämlich gerade mal für ein 20 cm langes Gleis.

Die Schienenplatten der Streckengleise werden zunächst auf den Fuß des Schienenprofils geschoben und dann entsprechend den aufgeklebten Holzschwellen verteilt. Nach dem Ausrichten mit Spurlehren können sie mit Sekundenkleber befestigt werden. Wesentlich stabiler ist allerdings die Lötverbindung der Stühlchen zwischen Gleisprofil und Pertinaxschwellen mit einer Kupferoberfläche. Leider weisen die kaschierten Pertinaxschwellen keine Holzmaserung auf und das Kupfer muss zwischen den Profilen mit einer Gummischleifscheibe abgeschliffen werden, um einen Kurzschluß zu vermeiden. Die sich anschließende Bemalung der blanken Schwellen bedeutet weiteren Aufwand.

Gleisbausätze

Das Nonplusultra – auch für den Geldbeutel – an Gleis- und Weichenbau bietet Willy Kosak mit seinen Weichen in *H0pur* an. Die vorbildgerecht angeordneten Schwellen einer Weiche sind aus einer kupferkaschierten Platte reliefartig herausgefräst. Die unterschiedlichen Schienen-

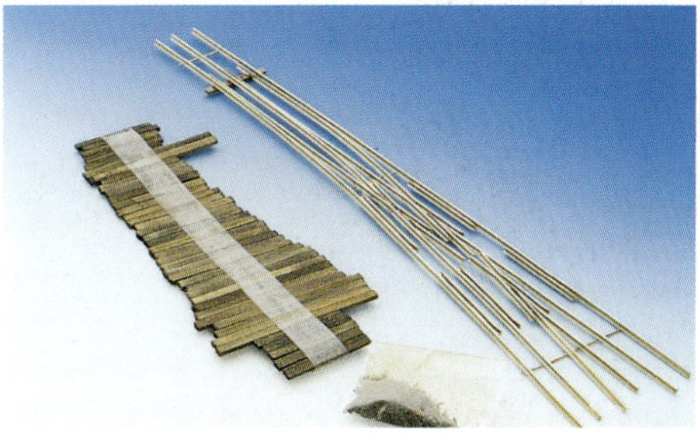

Gleisbausätze bieten alles, was man zur Erstellung einer Weiche benötigt, sogar vorgefertigt

platten müssen aufgelötet werden. Radlenker, Schienenlaschen und andere Details werden als Messing-Gussteile separat geliefert. Nach der aufwändigen Montage aller Teile sollten laut der *H0pur*-Philosophie die Schwellen mit feinem Holzfurnier beklebt werden, da sonst die normalerweise sichtbare Holzstruktur fehlen würde. Alles in allem viel Aufwand für nur eine Weiche. Doch wer nur wenige Selbstbaugleise dieser Güte auf seinen Modulen einbauen möchte, erhält – der *H0pur*-Philosophie entsprechend – ein absolut vorbildgerechtes Gleisbild.

Die von *Tillig* angebotenen Weichenbausätze für das *Pilz*-Gleis sind in ihrem Aufbau identisch mit den fertigen Weichen aus dem umfangreichen Gleisprogramm des gleichen Herstellers. Von Vorteil ist ihr geringer Preis.

Der Kleinserienhersteller *Teichmann* bedient sich des *Pilz*-Weichenschwellenbandes. Er bietet auf dieser Basis schnell und kostengünstig zu bauende Weichen für *H0pur*.

Der Alltag eines Anlagenerbauers sieht aber ganz anders aus: Gleisfelder in der Quälität von *H0pur* entwickeln sich schnell zu einer ewigen Baustelle. Wer auf die „Perfektion" des *H0pur*-Konzeptes verzichtet, kann in vielen Fällen stattdessen auf einige ebenfalls schlanke und fein detailierte Seriengleise und -weichen zurückgreifen. Sogar das Mischen unterschiedlicher Gleise verschiedener Hersteller ist denkbar, einzig auf die gleiche Gleisprofilhöhe und Kopfbreite ist zu achten. Der Weichenselbstbau ist in jenen Fällen sinnvoll, bei denen man besondere Gleissituationen nachbilden möchte, die sonst nicht zu erzielen wären.

Angebot an Selbstbaugleismaterial

Hersteller	Programm	Material	Gleissystem	Bemerkungen
BahnSinn Shop	Gleis- und Weichenschablonen CNC gefräste Lötlehre gefrästes Weichenschwellenrost vorbildgerechtes Kleineisen	Papier Ms-Blech kupferkaschiertes Pertinax Ms-Ä, Ms-G	H0-NEM H0-RP25 H0-pur	es werden Gleisprofile von anderen Herstellern benötigt
Fremo-N-Bahnen	Gleis- und Weichenschablonen CNC gefräste Lötlehre gefrästes Weichenschwellenrost	Papier Ms-Blech kupferkaschiertes Pertinax	N	Gleisprofile in Code 40 von anderen Herstellern nötig, kein Kleineisen
Hobby-Ecke Schuhmacher	Gleis- und Weichenschablonen Weichenkomplettbausätze Streckengleisbausätze Schienenprofile	Papier Holzschwellen, Gleisnägel Kunststoff-Schwellenband Ns in Code 40, 55, 70 und 83	H0, H0m, H0e, TT, N	Gleitstuhlplatten sind nicht in den Weichenbausätzen enthalten
Schullern	Schienenprofile Weichenkomplettbausätze	Ns in Code 83 und 100	H0, H0m, H0e	keine Kleineisen im Angebot
Tillig GmbH& Co. KG	Weichenkomplettbausätze in Code 83	Kunststoff-Schwellenband brünierte Ns-Schienenprofile	H0, H0m TT	Bausätze sind mit Fertigweichen identisch
Teichmann	Weichenkomplettbausätze	Kunststoff-Schwellenband	H0-pur	Schwellenband ist mit Pilzgleis identisch
Weinert Modellbau	vorbildgerechtes Kleineisen für Streckengleis und Weichen Schienennägel	Ms-Ä, Ms-G für Code 70 und 83 Stahl	H0	nur Kleineisen zum Löten, Kleben oder Nageln

Wer sich erst einmal mit dem Gleis- und Weichenmodellbau beschäftigt, wird die Möglichkeiten zur Verwendung unterschiedlicher Schienenprofile sicherlich ausnutzen wollen. Bei der Spurweite H0 wären zum Beispiel für die Hauptbahngleise Profile in Code 83 vorbildgerecht. Die typischen Nebenbahnprofile S 49 entsprechen im Modell Code 70, während unbedeutende Nebenbahngleise am besten mit Code 55 nachgebildet werden können.

Weichensonderformen, die nicht im Angebot von Gleisherstellern sind, können durch Selbstbau erzielt werden.
Im Gleiswendel und im Schattenbahnhof sollte man die Gleise direkt auf die Korkbettung verlegen

Vier

Gleisbettung

Was in unserer heutigen Modellbahnwelt so selbstverständlich ist – ein perfektes Schotterbett – gab es beim Vorbild zunächst gar nicht. Vor allem in den Epochen I und IIa (also etwas bis zum Anfang der 30er-Jahre des 20. Jahrhunderts) sah das Gleisbett teils noch ganz anders aus.

Die Fahrzeuge waren noch Mitte des 19. Jahrhunderts deutlich kleiner und leichter. Der Anspruch an ein hochwertiges Gleisbett mit Schottersteinen existierte noch nicht, da auch die erzielten Geschwindigkeiten sehr niedrig waren. Viel eher experimentierte man an einer richtigen Zusammensetzung des Stahls, denn Schienenbrüche waren lange Zeit an der Tagesordnung. Auch die Befestigung der Gleisprofile auf den Holzschwellen stand im Mittelpunkt zahlreicher Ingenieursarbeiten. Die Gleise selbst ruhten mit ihren Holzschwellen, deren Abstand zueinander größer war als zur Reichsbahnzeit (also etwa ab 1920), auf einer Kiesbettung oder direkt auf Sand. Damit die Schwellen seitlich nicht verrutschen konnten, war es üblich, sie auch auf freier Strecke komplett mit Kies zu bedecken. Oft lag der Kies dabei seitlich bis auf Höhe der Schienenoberkante. Zwischen den Schienenprofilen wölbte sich bei einigen Bahngesellschaften ein kleiner Hügel, der zusätzlich für die Stabilisierung der Gleisstrecke sorgte. Nachteil dieser Bettungsart war, dass der Streckenbegeher eventuelle Beschädigungen an den Schwellen nicht sofort erkennen konnte. Auch trockneten die

Erst wenn die Fläche zwischen den Gleisen auch mit Schotter und Sand aufgefüllt sind, erhält man ein ansprechendes Gleisfeld

Schwellen nach einem Regenguss langsamer, dafür waren sie aber vor der glühenden Sonne vor allem im Hochsommer geschützt.

Ab etwa 1890 waren deutlich schnellere und schwerere Lokomotiven auf den Gleisen, und der Zugtakt erhöhte sich merklich. Der Zustand der bislang auf konventionelle Art gebauten Strecken genügte nicht mehr den neuen Anforderungen. Neben der betriebswichtigen Verbesserung von Fahrstraßen in Bahnhöfen kamen auch neue Gleisbettungen auf den Strecken zur Anwendung:

Bettungen mit scharfkantigen Bruchsteinen, allgemeinsprachlich bekannt als „Schotter".

Die guten Erfahrungen mit den 6–8 cm großen Steinen veranlassten die staatlichen Bahngesellschaften, bis etwa 1910 fast alle Hauptstrecken auf die Schotterbettung umzustellen. Die gleichzeitig neu geschaffenen Nebenbahnen der Normalspur erhielten nun auch eine Schotterbettung, jedoch etwas einfacher, da hier keine hohen Geschwindigkeiten und schweren Lokomotiven gefahren wurden. Neu erbaute Schmalspurbahnen liefen aber weiterhin auf einer Kies- oder Sandbettung. Auch einige sehr wenig befahrene Nebenstrecken, vor allem in Mecklenburg, Pommern und Ostpreußen, aber auch in Hessen und Oldenburg, verlegte man wie gehabt auf „konventionelle" Weise in Sand oder Kies.

Nur langsam, je nach Streckenbedeutung oder technischem Zustand, stellten die späteren Staatsbahnen fast alle Nebenbahnen auf eine Schotterbettung um. Doch auch heute noch kann man in Mecklenburg-Vorpommern oder in Polen gelegentlich alte, auf Sand oder Kies verlegte Strecken finden.

Kiesbettung im Modell

Wir sind es gewohnt, dass Gleise ein Schotterbett besitzen. Doch gerade weil die Nebenbahnen vor allem der Epochen I und II anders aussahen, sollte hier im Modell eine Kiesmischung zur Anwendung kommen. Deren größte Steinchen sind in H0 allerdings so klein wie normaler Vogelsand. Hier kann man nur durch Sieben die richtige Substanz selbst zusammenstellen, denn kein Anbieter von Modellschotter bietet solch feinen Streckenkies an.

Schottersteine im Vergleich

Im Gegensatz zum Kies sind Schottersteine scharfkantig. Beim Vorbild beträgt die Größe in der Regel maximal 8 cm. Entsprechend passend sollten bei der gewählten Baugröße auch die zu streuenden-Steine ausgewählt werden.

> **! Nicht immer ist das, was exakt maßstäblich ist, auch optisch richtig. Kompromisse wirken manchmal „echter".**

Was bei den großen Maßstäben noch problemlos eingehalten werden kann, sorgt bei den ganz kleinen Spurweiten schließlich für ein Problem.

Streng genommen dürfte man bei der Baugröße Z nur groben Vogelsand als Schotter verwenden, doch das menschliche Auge würde in diesem Fall den Schotter als Sandbettung interpretieren. Folglich sollte man auf eine etwas gröbere Körnung zurückgreifen.

Es ist also wichtig, einen glaubwürdigen Kompromiss zwischen Vorbildtreue, Maßstäblichkeit und miniaturisierter Optik zu finden.

Nicht zu unterschätzen ist auch die verwendete Schienenprofilhöhe. Aufgrund voluminöser Spurkränze sind die Schienen der meisten Serienherstellern selbst in der Baugröße H0 noch viel zu hoch. Maßstäblicher Schotter, z. B. von *Asoa*, wirkt bei Schienen mit einer Profilhöhe von 2,54 mm (Code 100) zu klein. Hier wäre der Schotter von *Woodland* ideal, er ist etwas größer. Umgekehrt ist der zu grobe Schotter von *Heki* für ein vorbildgerechtes Gleis mit Code-75- oder gar Code-55-Profilen viel zu groß. Man kann also sagen, ein maßstäblicher Schotter kommt in H0 erst für Schienen ab Code 80 abwärts in Frage.

Doch neben der Größe des Korns spielt auch das Aussehen eine wesentliche Rolle. Einige angebotene Schotter, so z. B. von *Heki*, haben keine eckigen Steine, sondern runde, wirken also wie Kieselsteine. Hier heißt es, Augen auf und genau in die Packungen schauen.

Die Farben des angebotenen Schotters sind manchmal recht sonderbar. Der Ursprungszustand des Vorbild-Schotters liegt je nach Schotterart zwischen hellgrau (Kalksteine in Süddeutschland), mittelgrau und grüngrau (Diabassteine in Wetsdeutschland).

Oft werden rotbraune Mischungen für ältere oder sehr stark befahrene Bettungen angeboten, die aber zu farbintensiv sind und deshalb mit grauen Schottersteinen gemischt werden sollten. Ohnehin erzielt erst die zusätzliche Alterung bzw. Rosteinfärbung mit Farbe das gewünschte Aussehen des Gleisbetts.

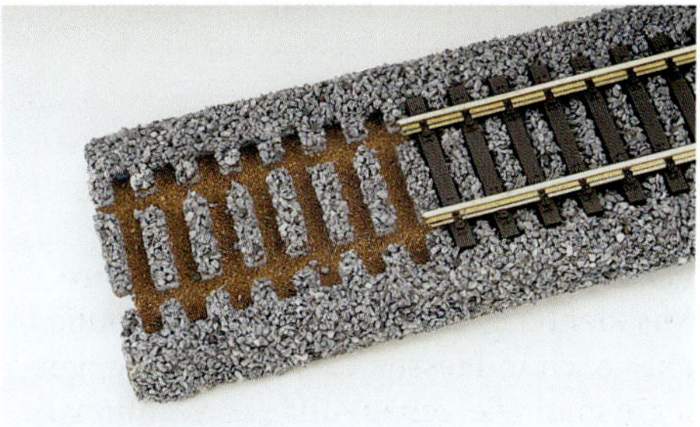

Fleischmann, Märklin und Roco haben auch Gleise mit Schotterbett aus Kunststoff. Merkur bietet geschäumte Gleisbettungen an

Fertige Modellbettungen

Die Firmen *Merkur* und *Mössmer* produziert bereits seit vielen Jahren eine vorbildähnliche Gleisbettung auf Hartschaumbasis. Die Oberfläche ist mit mehrfarbigem Kork (*Merkur*) oder mit kantigen Steinen (*Mössmer*) bereits fertig beklebt. Für Gleise werden passend zu den Metergleisen der Hersteller entsprechend lange Streifen angeboten. Die Gleise werden mit ihren Schwellen in entsprechende Vertiefungen innerhalb der Gleisbettstreifen oder -platten hineingedrückt.

Noch hat Schaumstoffbettungen im Angebot

Weichen und Kreuzungen liegen in kleinen Einzelplatten, die je nach Lage zu einer Nachbarweiche mit einem scharfen Bastelmesser entsprechend zugeschnitten werden müssen, damit eine ansprechende Weichenstraße entsteht. Die Übergänge der einzeln aneinander gesetzten Platten und Streifen können mit passendem, lose bestreuten Kork aus dem *Merkur*-Programm, bzw. mit Schottersteine von *Mössmer* nach der festen Verlegung kaschiert werden.

Für die unterschiedlichen Gleistypen einiger Modellhersteller werden entsprechende Bettungen von beiden Herstellern angeboten. Inzwischen hat *Noch* die beiden Produktlinien in sein Programm aufgenommen.

Mit den beiden Hartschaumbettungen von *Mössmer* und *Merkur* wird schnell ein ansprechenden Schotterbetts erreicht. Der Vorteil der korkbestreuten Bettungen von *Merkur* liegt vor allem in der angenehmen Geräuschdämmung.

Möchte man aber ein wirklich vorbildgerechtes Schotterbett bei seinen Gleisen erzielen, kommt man um das Selbsteinschottern nicht herum.

Gleis selbst einschottern

Hat man sich für eine Schotterart entschieden, gilt es, die feinen Steinchen zwischen und seitlich neben die Schwellen zu streuen. Aus einem Töpfchen schüttet man zunächst einen länglichen Haufen zwischen die Schienen. Mit einem Pinsel oder dem Finger wird der Schotter dann so verteilt, dass er von den Schienen ausgehend zwischen den Schwellen in der Mitte tiefer liegt als die Oberkante der Schwellen. Mit

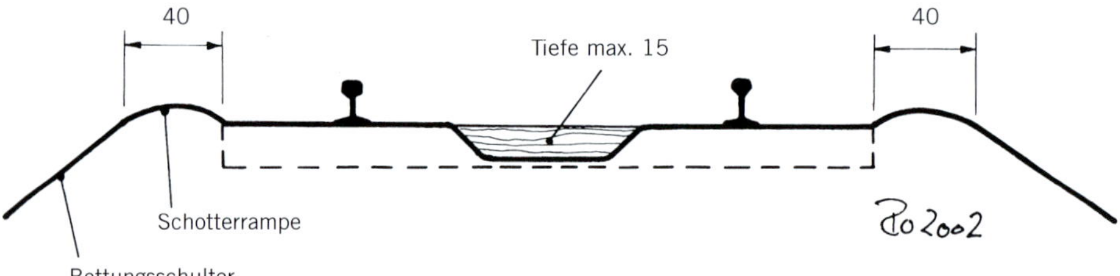

Ideales Schotterprofil (Alle Maße in Zentimeter)

In der Gleismitte füllt man etwas Schotter auf und verteilt ihn mit einem Pinsel in den Schwelleninnenraum. Dann folgt der Gleisaussenrand

der Fingerkuppe kann man den Schotter zudem noch etwas verdichten.

Die Zeichnung zeigt, wie der Schotter seitlich auf einer Strecke geformt werden

Das fertig gestaltete Schotterbett befeuchtet man mit einem Bestäuber, damit anschließend der Kleber in den Schotter hineinfließt

sollte. Der seitliche Haufen, auch Schotterraupe genannt, verhindert beim Vorbild ein seitliches Wandern der Schwellen. In der Modelldarstellung wird gerade dieser

Hersteller	Programm	Material	Baugrössen
ASOA	Schotter	Naturgestein	I, 0, H0, TT, N
Klaus Holl	Drainagematerial, Sand und Splitt	Naturmaterial	H0
	Schotterkleber	Latexkleber	
	Fließverbesserer		
Auhagen	Schotter, Kies	Naturgestein	H0, TT
	Schottermatten	Holzspäne auf Krepp	H0, TT
	Schotterkleber	Weißleim	
Busch	Schotter, Kies	Naturgestein	H0, TT, N, Z
	Schotter	Kork	II, H0
	Schottermatten	Korkschrot	H0
	Schotterkleber	Weißleim	
Faller	Schotter	Naturgestein	H0, TT
	Schottermatten	Holzspäne	H0, TT
	Schotter	Kork	H0, N, Z
	Schotterkleber	Weißleim	
Heki	Schotter, Splitt, Sand	Naturgestein	II, I, 0, H0, N
	Schotter	Kork	H0, TT
	Schotterkleber	Weißleim	
Kibri	Schotter	Naturgestein	H0
	Schotter	Korkschrot	H0, N
Giesela Lenzen	Schotter, Feinkorngranulat	Naturgestein	II, I, 0, H0, TT, N
Modellbau	Schotter- und Gleiskleber	Latexkleber	
Noch	Schotter	Naturgestein	H0, TT, N, Z
	Schotter	Naturgestein	II, H0, TT, N, Z
	Schotter	Kork	H0, Z
Rainershagen	Schotter, Splitt, feinste Sande	Naturgestein	H0, N
Naturals			
	Schotterkleber	Latexkleber	
Hoby-Ecke	Schotter	Naturgestein	0, H0, N
Schuhmacher	Farbkarte		
Weinert	Schotter	Naturgestein	0, H0, TT, N
Modellbau	Schotterkleber	Latexkleber	

Bemerkungen
verschiedene Sorten im Angebot
für die Gestaltung der Gleiszwischenräume
dauerelastisch und wasserverdünnbar
für jeden wasserlöslichen Kleber verwendbar
eine Steinsorte in verschiedenen Farben
auch als melierte Matte im Angebot
verschiedene Sorten in Angebot
nur in der Naturfarbe im Angebot
als melierte Matte
als Mischung, färbt aus
Großpackung
spezieller brauner Leim zum Schottern
nur als reine Sorten im Angebot
in zwei Farbtönen erhältlich; Großpackung
eine Steinsorte in verschiedenen Farben
nur in der Naturfarbe im Angebot
nur als reine Sorten im Angebot
dauerelastisch und wasserverdünnbar
passend für Mössmer-Gleisbettungen
Woodland-Programm, verschiedene Farben
für Merkur-Gleisbettungen,
auch als bestreute Matte erhältlich
auch Schotter-Sets mit Puderfarben
zum Altern im Angebot
dauerelastisch und wasserverdünnbar
verschiedene Farben im Angebot
mit aufgeklebten Proben
verschiedenen Farben als Mischung
dauerelastisch und wasserverdünnbar

Haufen oft vernachlässigt, obwohl er beim Vorbild gerade bei schnell befahrenden Gleisen eine wichtige Schutzfunktion hat. In Bahnhöfen verzichtet man dagegen auf die seitliche Sicherung, statt dessen sind die Freiräume zwischen den einzelnen Schotterbetten mit Sand oder Splitt aufgefüllt. So kann man bequem zwischen den Gleisen laufen und seitlich wandern kann das Gleis auch nicht.

Wenn auf der Modellanlage im trockenen Zustand die Idealform der Gleisbettung erzielt ist, befeuchtet man den Schotter mit einem Wasserzerstäuber, wobei dem Wasser etwas Spülmittel zum Abbau der Oberflächenspannung beigegeben ist. Danach beträufelt man den feuchten Schotter mit wasserverdünntem Klebstoff, dem zusätzlich ein Netzmittel, z. B. nicht rückfettendes Spülmittel, beigemengt ist, damit auch hier die Oberflächenspannung des Wassers auf ein Minimum rezuziert wird. Der dünnflüssige Klebstoff dringt sofort durch die Kapillarwirkung zwischen den feuchten Steinchen hinein. Würde man den Klebstoff dagegen direkt auf den trockenen Schotter träufeln, würden sich einzelne Tröpfchen, umschlossen mit Schottersteinchen, bilden. Das Schotterbett verlöre so seine im trockenen Zustand wohl proportionierte Form, es entstünden lauter Klümpchen.

An dieser Stelle sei erneut auf die Vorzüge der Latexkleber hingewiesen. Sie bleiben nach dem Trocknen elastisch und sorgen für eine reduzierte Geräuschkulisse bei fahrenden Zügen. Natürlich kann man

Perfekt eingeschotterte Nebenbahnstrecke

Mit einem speziellen Schotterwagen lassen sich die Steine schnell und gleichmäßig verteilen

auch auf gewöhnlichen Holzweißleim zurückgreifen. Von Vorteil ist ein wasserfest austrockender Leim, damit bei späteren gestalterischen Arbeiten am Gleisbett etwa mit Wasserfarben oder Klebstoffen das Schotterbett nicht wieder aufweichen kann.

Solange der Schotter noch feucht ist, aber nicht mehr klebt, können aufgeschwemmte Steinchen entfernt und das Schotterbett erneut verdichtet bzw. nachgeformt werden.

In der Regel wird das Schotterbett nicht mit dem ersten Klebevorgang richtig fest. Einzelne Steinchen können schnell bei mechanischer Belastung abplatzen.

Vor dem zweiten Klebevorgang werden eventuell neu entstandene Löcher mit weiteren Steinchen verfüllt. Auch hier besprüht man das Schotterbett wieder vorab, damit der Kleber erneut problemlos in den teilweise losen Schotter eindringen kann. Eventuell ist auch ein dritter Klebevorgang erforderlich. Dringt der weißliche Kleber nicht mehr richtig ein, ist genug beim letzten Vorgang aufgetragen worden, das Schotterbett hat eine ausreichende Festigkeit erhalten.

Zu einer schön gestalteten Anlage gehört auch das entsprechende Gleisbett

Fünf

Gleisbettgestaltung

Kunststoffschwellen verlieren mit Farben ihren Plastikeindruck. Zuerst bemalt man sie mit Holzbraun, später mit verdünntem Mattschwarz

Um dem Anspruch einer perfekt gestalteten Modellanlage gerecht zu werden, gehört auch das realistische Aussehen der Modellgleise dazu. Wie bei der Lackierung und Alterung von Fahrzeug- und Gebäudemodellen sollte man auch bei den Gleisen schon sehr früh mit dem Farbgang beginnen. Man erreicht die zu bemalenden Stellen viel einfacher, und vor allem stört der (noch fehlende) Schotter nicht. Dadurch geht die Arbeit merklich einfacher von der Hand.

Nachdem die Gleise komplett verlegt und elektrisch angeschlossen worden sind, startet bereits der erste Lackiervorgang. Plastikschwellen erhalten einen matten Anstrich. Soll das spätere Gleis sehr stark verschmutzt sein, genügt ein Überzug mit klarem Mattlack.

Den typischen Eindruck von Holzschwellen erzielt man dagegen durch das Bemalen der Kunststoffschwellen der Industriegleise mit einer holztonähnlichen matten Farbe, die später mit verdünntem Mattschwarz nochmals überpinselt wird, um die Teerimprägnierung nachzuahmen. Der Einsatz einer Spritzpistole erleichtert die Arbeit ungemein.

Echte Holzschwellen, wie sie beim Gleisselbstbau üblich sind, werden mit dunkler Farbe gebeizt.

Schienenrost

Zum Bemalen der blanken Schienenprofilflanken werden im Fachhandel Farbdöschen mit Rostton angeboten. Jedoch sind die industriell angemischten Farben zu rötlich für Schienen. Rost ist das Ergebnis eines chemischen Prozesses, der Oxidation. Je nach Zustand und Materialmischung fallendie dabei entstehenden Rosttöne sehr unterschiedlich unterschiedlich aus. Daher sollte man die Rostfarbe selbst anmischen. Als Basis dient mattes Schwarz, Rotbraun und Gelbbraun. Je nach gewünschtem Farbton gibt man unterschiedliche Mengen der einzelnen Lackkomponenten bei.

Der Farbauftrag mit einer Spritzpistole (Düsenöffnung von 0,2 mm oder 0,3 mm)

gelingt im Vergleich zum Pinsel schneller und die Farbdeckung fällt gleichmäßiger aus. Doch sollten die Seitenflächen vor der Lackierung mit Lösungsmittel von eventuellen Fettspuren befreien werden, damit die aufzutragende Farbe ausreichend Haftung findet.

Auf die deckend bemalten Profilseiten und Schienennägel pinselt man nach dem Trocknen der Grundfarbe noch ein eher orangefarbenes Rostbraun ganz dünn auf, sodass unterschiedliche Farbschattierungen entstehen. Auf diese Weise erhält man einen lebendigen Rostton.

Auf stark befahrene Strecken legte sich früher im Laufe der Zeit Flugrost weitflächig ab, da der Abrieb von Schiene und Rad stärker stattfand als auf nur gelegentlich befahrenden Nebenbahnstrecken. Der Bremsstaub der Bremsklötze gesellte sich im Laufe der Zeit noch dazu. Heute sind die Eisenbahnfahrzeuge leichter, der Abrieb von Schiene und Rad ist dadurch wesentlich geringer. Moderne Gleistrassen verschmutzen folglich langsamer.

Auf der Modellbahn kann man die typischen Vorbild-Effekte leicht umsetzen. Die bereits angemalten Gleise schottert man bei der Darstellung von neuen Gleisen mit grauem Steinschotter ein. Sollen jedoch Hauptbahngleise früherer Epochen dargestellt werden, ist eine Schottermischung aus rostfarbenen und grauen Steinen sehr hilfreich bei der späteren Einfärbung.

Den besten Effekt einer leicht bis mittelstark verschmutzten Gleisstrecke erzielt man durch das Auftragen stark verdünnter Rostfarbe. Die Wirkung kann durch

Die blanken Gleisprofile werden seitlich mit einer selbstgemischten Rostfarbe bemalt. Recht schnell geht es mit einer feinen Spritzpistole

mehrmaliges Auftragen gezielt gesteuert und gegebenenfalls gesteigert werden. Im Gegensatz zum Farbauftrag mit der Spritzpistole läuft die Farbe auch in die Zwischenräume der Schottersteine, ganz so wie der Regen beim Vorbild den Flugrost in die Zwischenräume spült.

Der Auftrag mit der Spritzpistole ist dagegen flächig und zu gleichmäßig und eignet sich in erster Linie für *sehr* stark befahrenen Strecken. In Verbindung mit dem Pinselauftrag erzielt man hier die besten Ergebnisse. Der Mehraufwand rechnet sich jedoch für Großanlagen mit vielen Gleisen kaum. Hier reicht es, die Kombination beider Farbauftragsmethoden nur für Gleise im Vordergrund anzuwenden, während für die weiter hinten in der Anlage befindlichen Gleise, deren Feinheiten nicht mehr erkennbar sind, das „Verrosten“ mit der Spritzpistole deutlich Zeit einspart.

Fertigschotterbett

Modellgleise, die entweder mit fertigem Schotterbett verkauft oder für die entsprechende mit Kork bestreute Bettungen aus Schaum angeboten werden, wirken monoton oder plastikhaft. Hier gilt es, ihnen mit Pulver- oder verdünnnten Flüssigfarben diesen Eindruck zu nehmen. In den Vertiefungen der Schotterimitation liegende dunkle Farben erhöhen die optische Plastizität. Wurden Pulverfarben zur Färbung verwendet, sollten sie abschließend mit einem matten Klarlack vor ungewolltem Abrieb geschützt werden.

Leben rund ums Gleis

Flugrost allein haucht aber den Gleiskörpern nicht genug Leben ein. Erst die für stark befahrene Dampflokstrecken so

Material zum Gleisaltern

Material		Verwendungszweck
Holzbeizen		Schwellen aus Echtholz beizen
Puderfarben		Altern des Schotterbetts
Kunstharzlacke		Altern des gesamten Gleiskörpers incl. Gleisprofile
Rostbraun matt		Für Rostdarstellung
Orangebraun matt		Für Rostdarstellung
Erdbraun matt	z. B. Revell # 87	Holzschwellenrost lackieren
Hellgrau matt	z. B. Revell # 75	Betonschwellenrost lackieren.
Schwarz matt	z. B. Revell # 8	Für Rostdarstellung und in stark verdünntem Zustand Holzschwellen altern
Ölfarben		Altern des Schotterbetts
Alkoholfarben		Altern des gesamten Gleiskörpers incl. Gleisprofile

typischen Ölspuren und die Wasserpfützen an den Haltepunkten in Bahnhöfen oder vor Signalen beleben auch das Modellgleis.

Mit etwas verdünntem Seidenmattschwarz werden schmale Farbstreifen beidseitig der Schienenprofile bei den stark verölten Ausfahrgleisen von Bahnbetriebswerken oder in großen Personenbahnhöfen aufgepinselt. Auch die mechanisch bewegten Teile einer Weiche, die beim Vorbild regelmäßig geölt werden, sollten entsprechend mit Farbe verschmutzt sein. An älteren Dieseltankstellen schimmert dagegen der Treibstoff und Öl auf dem leicht getränkten Boden.

Bemerkungen
Dunkle Farbtöne sollten bevorzugt werden
Zusätzliche Fixierung mit mattem Klarlack nötig
Mit Benzin verdünnbar Mischen mit Revell Orangebraun und Schwarz Mischen mit Revell Rostbraun und Schwarz Evtl. m. Mattweiß aufhellen mit Pinsel auftragen
In stark verdünntem Zustand mit einem Flachpinsel auftragen, mit Kunstharzlacke verdünnbar
Alterungsset mit verschiedenen Farben, mit Brennspiritus verdünnbar

Wasserpfützen imitieren Farbkleckse aus glänzendem Klarlack.Geht es bergan, sind Dampflokgleise besonders stark vom weißlichen Kalk-Soda verfärbt. Die mächtigen Wasserdampfwolken einer bergan schnaufenden Dampflok feuchten die Schienen an, so dass besonders belebte Strecken teilweise einen leichten Glanz links und rechts der Profile aufweisen können. Gelegentliche Sandspuren zeugen von feuchten Tagen, an denen die Räder mangels Reibung zu schleudern drohten – und der Lokführer „Sand gab“. In der heutigen Zeit sind manchmal sogar längere Streckenabschnitte, z. B. auf Steigungsstrecken, mit feinem Sandstreifen beidseitig der Schienenprofile anzutreffen.

Die weißlichen Kalk-Soda-Spuren erzielt man mit verdünntem Weiß, den hellen Streusand auf Gefällestrecken oder im Anfahrbereich hinter Signalen kann man mit sehr feinen Vogelsand nachbilden.

! Verschmutzten Gleisen sieht man ihren Alltag an. Neben Rost sammelt sich stellenweise Wasser, Öl und Dreck.

Innerhalb eines Werksgeländes oder Bahnbetriebswerkes sind ganze Bereiche der Gleisschwellen mit Sand oder Splitt bedeckt, damit der schienenlose Werksverkehr an jeder beliebigen Stelle die Gleise überqueren kann.

Im Modell können allerdings die Gleise nur bedingt mit Sand bedeckt werden, denn der Fahrbetrieb mit Fahrzeugen großer Spurkränze darf darunter nicht leiden und *Märklin*bahner benötigen zusätzlich den ständigen Schleiferkontakt zu den Schwellenpukos. Der aufgestreute feine Sand wird genauso wie Modellschotter mit einer Sprühflasche befeuchtet und anschließend mit verdünntem Weißleim geklebt.

Das Umfeld eines Bahnbetriebwerkes ergibt sich aus eingeschotterten Gleisen und Sand bzw. Splitt, der zwischen und neben den Gleisen angeschüttet wird. Hier erobert sich die Natur ihren Raum langsam wieder zurück, vorrausgesetzt, der Mensch schreitet nicht ein.

Saubere Gleise

Sind sämtliche Farbarbeiten rund um das Gleis abgeschlossen, gilt es, mit einem Schienenrubber – z. B. von *Roco* – die Schienenlaufflächen von Farbresten zu befreien. Mit dem Radiergummi-Schleifblock

Der Schienenabrieb legt sich bei stark befahrenen Strecken als Rost recht weitläufig nieder

lässt sich die Farbe problemlos entfernen. Alternativ kann man auch feines Schmirgelpapier verwenden. Es sollte eine Körnung von mindestens 400 aufweisen, besser noch 600. Man klebt es mit einem Doppelklebeband sauber auf einen glatten Gegenstand, damit das Papier auf der Schienenoberfläche eben aufliegt. Das Schleifen hinterläßt allerdings winzige Riefen, in denen sich der Schmutz schnell wieder sammeln kann. Daher möglichst mit einer 600er oder 800er Körnung nachschleifen. Entsprechend behandelte Gleise sollten anschließend mit einem dünnen Ölfilm wieder benetzt werden, damit sich keine mikroskopisch feinen Funken bilden können, die normalerweise bei einem sich drehenden Rad entstehen, das gleichzeitig Strom aufnimmt. Als ideal hat sich das Rauchdestillat erwiesen, mit dem man eben auch Schienen putzen kann.

! Der ungetrübte Spielbetrieb steht und fällt mit der Sauberkeit der Modellgleise. Regelmäßiges Putzen mit Benzin und Reinigungsöl sorgt für Abhilfe.

Bei so gereinigten und versiegelten Gleisen muss man lediglich in gewissen Zeitabständen die Oberfläche blank halten, um einen reibungslosen Betrieb aufrecht erhalten zu können. Dafür können auch während des Spielbetriebes spezielle Gleisreinigungsfahrzeuge im Zugverband mitgeführt werden.

Zum Schienenreinigen ideal ist ein sogenannter Schienenrubber, Farbreste lassen sich aber auch mit Feuerzeugbenzin entfernen. *Noch* bietet für Gleichstrombetrieb ein speziellen Ultraschallreiniger an

Österreichische Nebenbahnidylle mit schön gestaltetem Gleis

Markus Tiedtke wurde 1960 in Köln geboren. Seine Leidenschaft zur Modelleisenbahn erwachte beim Anblick einer Aufziehbahn, die ihre Kreise unter dem Weihnachtsbaum drehte. Als er fünf Jahre alt war, schenkten ihm seine Eltern erneut zu Weihnachten eine Modellbahn, diesmal aber eine elektrische Gleichstrombahn in der Baugröße H0. Seitdem ist der gelernte Werkzeugmacher und Industriedesigner diesem Maßstab erlegen. Ständig wurde in seiner Kindheit an seiner Modellbahnanlage gebastelt; selbst bei Anlagen von Freunden war er bei der Gestaltung gern gesehen. Auch heute ist der inzwischen bekannte Modellbahnautor und Fotograf öfters in seiner Werkstatt und werkelt an Fahrzeugmodellen und Schaustücken – mit dem Ziel, eine möglichst authentisch aussehende Miniaturwelt zu erschaffen.

Ein kostenloses Gesamtverzeichnis erhalten Sie beim
GeraMond Verlag
D-81664 München

www.geramond.de

Lektorat: Lothar Reiserer
Layout: Dr. Susanna Reiserer
Repro: Scanner Service
Umschlaggestaltung: Kraxenberger
Herstellung: Thomas Fischer

GeraMond Verlag
Produktmanagement
Innsbrucker Ring 15
D-81673 München
e-mail: lektorat@geranova.de

Alle Fotografien in diesem Band:
Markus Tiedtke
Zeichnungen: Dirk Rohde

Die Deutsche Bibliothek – CIP Einheitsaufnahme
Ein Titeldatensatz für diese Publikation ist bei der Deutschen Bibliothek erhältlich.

Printed in Italy by Printer, Trento
ISBN 3-7654-7280-8